0~1岁婴儿
辅食添加攻略

陈国濠　编著

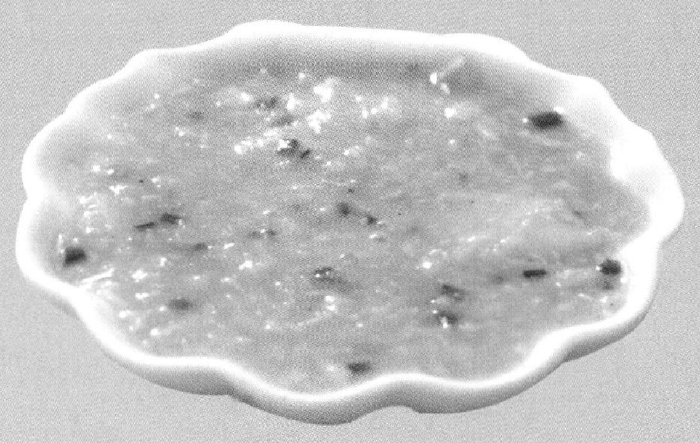

浙江科学技术出版社

图书在版编目（CIP）数据

0 ~ 1 岁婴儿辅食添加攻略 / 陈国濠编著 . — 杭州 :
浙江科学技术出版社 , 2017.8

ISBN 978-7-5341-7649-4

Ⅰ . ① 0… Ⅱ . ① 陈… Ⅲ . ① 婴幼儿 – 食谱 Ⅳ .
① TS972.162

中国版本图书馆 CIP 数据核字 (2017) 第 124537 号

书　　名：0 ~ 1 岁婴儿辅食添加攻略
编　　著：陈国濠

出版发行：浙江科学技术出版社
　　　　　杭州市体育场路 347 号　邮政编码：310006
　　　　　办公室电话：0571-85176593
　　　　　销售部电话：0571-85062597　0571-85058048
　　　　　网址：www.zkpress.com
　　　　　E-mail：zkpress@zkpress.com
印　　刷：广州培基印刷镭射分色有限公司

开　　本：710 × 1000　1/16　　印　　张：10
字　　数：200 千字
版　　次：2017 年 8 月第 1 版　　印　　次：2017 年 8 月第 1 次印刷
书　　号：ISBN 978-7-5341-7649-4　　定　　价：29.80 元

责任编辑：王巧玲　仝　林　　责任校对：陈宇珊
责任美编：金　晖　　责任印务：田　文
特约编辑：田海维

前言 preface

妈咪用心做，宝宝胃口好

孩子是每个家庭的希望，谁都希望自己的孩子健康成长。然而孩子在成长过程中容易出现偏食、厌食等现象，让孩子在日常饮食中吃好、喝好，全面吸收各种营养，健康活泼地成长，想来是我们每一位家长的心愿。

本套 0~5 岁婴幼儿营养菜谱共有 3 本，分别为《0~1 岁婴儿辅食添加攻略》《1~3 岁幼儿营养餐搭配攻略》《3~5 岁儿童成长餐制作攻略》。丛书以孩子科学饮食为主题，给家长以详尽、细致、暖心的指导，让我们的孩子在起跑线上就加足能量。

《0~1 岁婴儿辅食添加攻略》：宝宝从满 4 个月起，就要添加辅食了。怎样为宝宝科学、合理地添加营养辅食，怎样制作营养均衡的断奶餐，以及宝宝各个月龄所需要的喂养指南和食谱，均可在这本书里找到答案。

《1~3 岁幼儿营养餐搭配攻略》：1~3 岁幼儿的生长发育非常旺盛，生理功能日趋完善，所以应特别注意饮食营养和保健。这本书根据 1~3 岁幼儿的年龄特点和生长发育规律，教我们科学搭配食物，制作营养配餐。

《3~5 岁儿童成长餐制作攻略》：3 岁以上的小孩生长发育更加迅速，所选用的食物基本上与成年人接近。为了满足孩子所需的热量及平衡各种营养素，食谱的烹调方法也要千变万化。食谱的品种要多样化，应时常更换各类食材或交替搭配，培养小孩子从小不拣饮择食、不偏食的习惯，让他们吸收多种营养，健康地成长！

本套食谱不只是一套简单的食谱，它还提供了深入浅出的儿童营养学知识和喂养的各种窍门。全书图文并茂，实用易学，帮助妈妈有针对性地给孩子补充营养。

妈咪用心做，宝宝胃口好。有了这套书的帮助，你也可以烹制出色、香、味俱佳的健康营养美食，让宝宝吃出营养，吃出健康！让爱不停歇！

目录

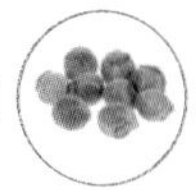

PART 1

婴儿的营养与辅食

婴儿不可缺少的营养

宝宝从出生到满1周岁之间为婴儿期。宝宝在婴儿期时，消化系统、神经系统和体格发育等各方面都不完善，存在着消化吸收能力不足和对营养物质需求量较大这两个相互矛盾的问题。如果婴儿膳食的营养供给不足或比例失衡，将会直接影响其正常的生长发育。中国营养学会修订并发布的《中国孕期、哺乳期妇女和0～6岁儿童膳食指南》针对婴儿的膳食营养需求指出：鼓励、提倡母乳喂养；纯母乳喂养4个月后应逐步添加营养辅助食品。

0～1岁的宝宝对各种营养素的需求非常旺盛，父母在给宝宝准备辅食时要注意科学调配，对于那些健康发育必不可缺的营养素及食物，应予以一定了解并做到心中有数，这样才有利于做好宝宝的日常美食营养师。

蛋白质

蛋白质是生命的物质基础，它一般占人体总重量的16% ~ 18%，在体内不断地进行合成与分解，是构成、更新、修补组织和细胞的重要成分，它参与物质代谢及生理功能的调控，保证机体的生长、发育、繁殖、遗传并供给一定能量，还维持着体内酸碱平衡、体液平衡、代谢平衡。蛋白质是大脑和各种器官功能发育、儿童体格增长等生命活动的基础。婴儿需要有足够的蛋白质供给，如果蛋白质摄入不足，会造成发育缓慢、抗病力减弱、体重减轻、易发贫血，以及出现营养不良性水肿，甚至影响大脑的发育而造成智力问题。

蛋白质由 20 多种氨基酸组成，其中因人体自身不能合成或合成速度太慢而必须从食物中获取的氨基酸称为“必需氨基酸”，它们存在于各种食物蛋白质中。食物中的必需氨基酸越多，其营养价值越高。动物蛋白（如各种瘦肉、蛋类、乳类）和大豆及其制品的蛋白质中均含所有必需氨基酸，称为优质蛋白，在营养学上属“完全蛋白质”或“全价蛋白质”。另外，坚果类、菌藻类、干果类也是蛋白质不错的食物来源。在摄取蛋白质时，最好是动物蛋白与植物蛋白搭配，以增强不同类型蛋白质的互补，对婴幼儿的营养补充会更全面。

婴幼儿时期的宝宝由于日常活动量、生长趋势和所处环境的不同，对蛋白质的需求量也有区别。一般年龄越小，生长发育越快，所需要的蛋白质也越多。1 岁以内母乳喂养的婴儿，蛋白质日需量为每千克体重 2.5 克；1 岁以内以其他方式喂养的婴儿，蛋白质日需量为每千克体重 3 ~ 4 克；1 ~ 2 岁幼儿蛋白质日需量为 35 克；2 ~ 3 岁幼儿蛋白质日需量为 40 克。

脂肪

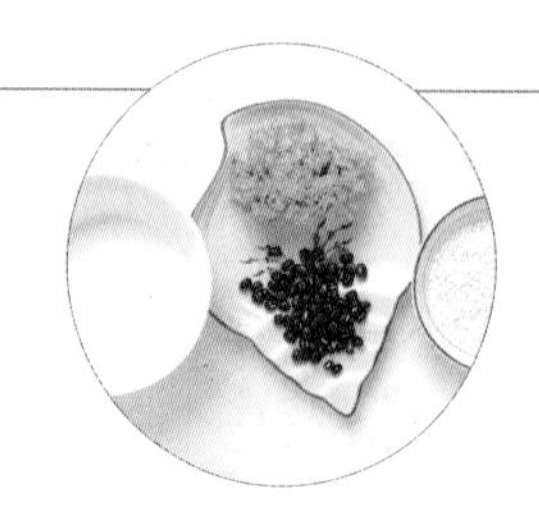

脂肪是人体重要的组成部分，脑部组织也是以脂肪为主，它还是为人体提供能量的三大产热营养素之一，为生长发育提供着充足的能量。营养学上脂类主要有甘油脂、磷脂、固醇类，通常所说的脂肪包括脂和油，常温下呈固体状态的称“脂”，呈液体状态的叫“油”。

脂肪供给人体维持生命必需的热能，贮存热能，维持体温的恒定及保护身体器官，来自食物的脂肪为人体提供生长发育所需的必需脂肪酸，对婴幼儿智力的发育有重要作用，还可提高免疫功能。脂肪中的磷脂、固醇是形成新组织和修补旧组织、调节代谢、合成激素所不可缺少的物质。脂肪是脂溶性维生素的载体，可促进脂溶性维生素（如维生素 A、维生素 D、维生素 E、维生素 K）的吸收和利用，延长食物在消化道内停留的时间，有利于人体对各种营养素的消化吸收。

一般由脂肪提供的能量占成人每日所需总能量的 20% ~ 30%，对于儿童来说，年龄越小，这个比重越大，婴幼儿可达 35%，一般每天每千克体重需要 5 ~ 6 克脂肪。

脂肪的食物来源主要有：植物油类、动物肉、动物内脏、各类坚果（如核桃仁、花生仁等）、豆类（如黄豆、红豆、黑豆等，但婴儿宜选用豆制品）、谷类（如玉米、大米、小米、小麦等）。

碳水化合物

碳水化合物又称糖类，与蛋白质、脂肪构成人体的能量来源，是人体最重要、最经济、来源最广泛的能量营养素。碳水化合物是人类机体正常生理活动、生长发育和体力活动的主要能量来源，也是构成细胞和组织的重要成分，可维持脑细胞和机体的正常功能，保证蛋白质不被过多地分解，还有解毒、增加胃部充盈感和改善胃肠道功能的作用。碳水化合物被消化后，主要以葡萄糖的形式被吸收，而葡萄糖为婴儿代谢所必需的物质，若供应不足，会对婴儿的大脑和神经系统造成一定危害，引起生长发育迟缓、体重减轻、易疲劳等后果，还可能造成功能障碍。

一般人体所需能量的 60% 以上来自碳水化合物，婴幼儿则在 50% 以上。碳水化合物的每日供给量占总的食物摄入量的比例为：婴儿 50%；1 ~ 2 岁幼儿 55% ~ 62%；2 岁以上儿童 55% ~ 65%。一般每天每千克体重需 10 ~ 20 克。

谷类食物是碳水化合物的最主要来源，我国以水稻（大米）、小麦（面）为主。碳水化合物的其他食物来源有玉米、小米、高粱米、根茎类食物（如土豆、红薯）、新鲜水果、干果等。

矿物质

矿物质是构成人体的基本成分，对人体的生长、发育与健康起着极其重要的作用。

矿物质可根据占人体重量的多少分为常量元素与微量元素两大类。常说的常量元素包括钙、磷、镁、钾、钠、氯、硫共 7 种元素；常被提及的人体必需微量元素有锌、铁、碘、硒、铜、钼、铬、钴、锰等。

婴儿发育旺盛，需要充足的营养，为其科学地安排饮食是基本保证。宝宝需要在饮食中充足摄取的常见矿物质元素主要有钙、铁、锌、碘。

钙

钙是骨骼的主要组成成分，绝大部分存在于骨骼和牙齿之中，维系着骨骼和牙齿的健康，不仅是构成机体完整性不可缺少的组成部分，还在各种生理和生化过程中对维持生命起着至关重要的作用——保证心脏、神经和肌肉的正常功能。钙还影响着铁的代谢，对婴儿的发育极其重要。

随着月龄增加，宝宝的骨骼和各个器官的生长发育都需要足够的钙质，一般 5 ~ 6 个月时，单纯的母乳（牛奶）喂养已不能满足宝宝身体的需要，要合理选择并搭配钙含量高的食物。如不能及时补充足量的钙而导致婴儿缺钙，会造成婴儿不容易入睡，还可能导致佝偻病、软骨病的发生。

很多食物都含有钙，比较适合婴幼儿的食物有乳类（牛奶、酸奶）、虾皮、芝麻酱、豆腐之类的豆制品、燕麦片、紫菜、油菜、鸡蛋、海带、黄花菜、鲜鱼虾、葡萄干和一些绿叶蔬菜等。

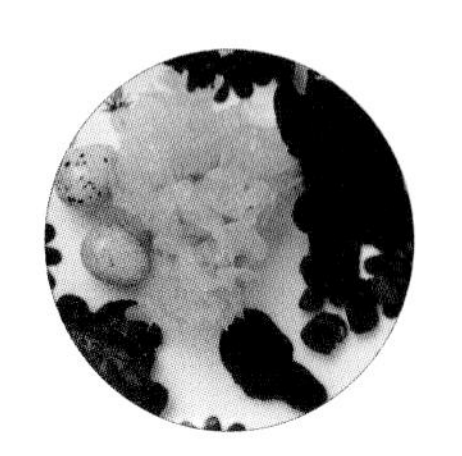

中国营养学会推荐的婴幼儿每日钙的摄入量为：1 ~ 6 个月婴儿 300 毫克，7 ~ 12 个月婴儿 400 毫克，1 ~ 3 岁幼儿 600 毫克。

铁

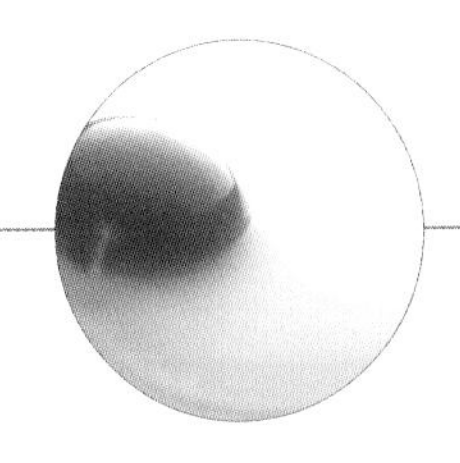

铁是人体必需的微量元素之一，是维持生命的主要物质，是身体制造血红蛋白的主要原料，可预防和治疗缺铁性贫血，促进发育，增加对疾病的抵抗力，给人体组织供氧，防止疲劳，使皮肤保持良好的血色。要让铁质完全被人体吸收，需要维生素 A、维生素 C、B 族维生素的相互协助，而动物类食物里的原血红素铁比植物类食物所含的铁更容易被人体吸收。

食物中的铁的吸收率和利用率不高，就容易导致宝宝缺铁，直接影响正常的生长发育。缺铁的宝宝会毛发变脆、易脱落，脸色苍白，出现注意力不集中、指甲呈汤匙状或有纵向的凸起等症状，还会引发缺铁性贫血，导致运动能力低下、智力障碍、免疫力降低等。在给宝宝安排辅食时应注意添加富含铁的食物，比较适宜婴幼儿补充铁的食物主要有牛奶、海带、动物肝脏、苋菜、土豆、紫菜、小麦黄豆混合粉、木耳、牛肉、猪肉、蛋黄、鱼、干果类、玉米等。

中国营养学会推荐的婴幼儿每日铁的适宜摄入量为：1 ~ 6 个月婴儿 0.3 毫克，7 ~ 12 个月婴儿 10 毫克，1 ~ 3 岁幼儿 12 毫克。

锌

锌是维持人体生长和健康必需的微量元素，需要从食物中及时补充。锌指挥和监督着躯体各种功能的有效运作，以及对酶系统和细胞起着维护作用，是合成蛋白质和胶原蛋白的主要物质，是促进生长发育和维持思维敏捷的重要元素之一，是很多酶的组成部分和活化剂，还参与碳水化合物和维生素A的代谢，有维持胰腺、性腺、脑下垂体、消化系统、视网膜和皮肤正常功能的作用。锌还是味觉素的结构成分，对维护味觉和口腔上皮细胞的功能有重要作用。

缺锌可引起婴幼儿味觉异常，食欲减退，造成生长发育迟缓，身材矮小，小儿认知行为改变，影响神经功能和智力发展，也可使皮肤干燥粗糙及色素增多，免疫功能下降。

食物中的锌大部分与蛋白质及核酸结合，状态稳定，经过消化可被人体利用。较适宜婴幼儿用作补锌的食物主要有贝壳类、坚果类（核桃、松子等，须研磨碎或打成粉后添入辅食）、口蘑、黄花菜、芥菜、小麦粉、虾、豆制品、玉米、禽肉、红色肉类、动物内脏、鱼类、全谷类（如小米、大米、燕麦），蔬菜和水果的锌含量相对较低。

中国营养学会推荐的锌的摄入量为：1～6个月婴儿每日1.5毫克，7～12个月婴儿每日8毫克，1～3岁幼儿每日9毫克。

碘

碘是人体必需的一种微量营养素，是合成甲状腺激素必需的成分，而甲状腺激素是身体发育所不可缺少的，正常的体格、认知行为和神经运动系统的发育均依赖于甲状腺激素。甲状腺激素还是调节人体物质代谢的重要激素，它能调节热能代谢，促进蛋白质、脂肪和碳水化合物的代谢，还参与调节水、电解质的代谢，促进蛋白质的合成与骨骼钙化，参与婴儿的身高、体重、骨骼、肌肉的增长和性发育。从孕期开始到宝宝出生，直至2岁时的脑发育临界时期，神经系统发育都必须依赖甲状腺激素。如果这个时期宝宝缺乏碘，会使甲状腺激素合成不足而影响智力的发展，还会引起贫血、低血压、脉搏缓慢等病症。

海产食物含有丰富的碘，例如海带、紫菜、发菜、海参、海蜇、鱼油、虾等，因此从计划怀孕开始，乃至整个孕期，准妈妈都应注意适当摄取富含碘的海产品，而且宝宝的辅食也应适量加入含碘丰富的食物。中国营养学会推荐的4岁以下婴幼儿碘的日摄入量为50微克。

维生素虽然在人体内含量很少，但是在人的生长、发育、代谢过程中却发挥着极其重要的作用，是维持人的生命和健康所必需的营养素。由于人体自身不能合成或合成量不足以满足需要，而蔬菜、水果、乳类、豆制品、动物内脏等都含有丰富的维生素，所以维生素必须从食物中摄取。

维生素是一个庞大的“家族”，目前已知的维生素就有几十种，营养学上通常按维生素的溶解性将其分为脂溶性维生素（主要包括维生素A、维生素D、维生素E、维生素K等）和水溶性维生素（主要为B族维生素、维生素C等）两大类。以下这几种维生素与婴幼儿的健康发育最密不可分。

维生素A

维生素A，又名视黄醇，其最明显的作用在于维护视觉功能。它参与视网膜内视紫质的形成，而视紫质是视网膜感受弱光线不可缺少的物质。摄取充足的维生素A可防治夜盲症和视力减退，维持上皮细胞组织的健康和增强免疫系统功能，对促进发育，强壮骨骼和维护皮肤、头发、牙齿、牙龈的健康极其重要，还能改善人体对铁的吸收，有助于防治缺铁性贫血。

维生素A最好的食物来源是各种动物的肝脏、鱼肝油、鱼子、全奶、奶油、禽蛋等，植物性食物中的胡萝卜素在人体内也能转化为维生素A，胡萝卜、菠菜、豌豆苗、红薯、小白菜、苋菜、南瓜及芒果、桃子等都是胡萝卜素的良好来源。中国营养学会推荐的维生素A的日摄入量为：婴儿400微克当量，1～3岁幼儿500微克当量。

维生素D

维生素D又被称为“阳光维生素”，只存在于部分天然食物中，许多是人体的皮肤经阳光中紫外线的照射产生。维生素D能促进人体对钙、磷的吸收和利用，身体缺乏维生素D，可出现与缺钙相似的表现，会导致婴儿骨骼钙化障碍以及牙齿发育缺陷，导致小儿佝偻病，易患龋齿。

阳光照射皮肤可增加人体内的维生素D，婴幼儿最好每日有1～2小时户外活动。但饮食上也需补充。鱼肝油、脂肪含量高的海鱼和鸡肝、鸭肝等动物肝脏及奶油、蛋黄等食物的维生素D含量相对较高。中国营养学会推荐的0～3岁婴幼儿维生素D的日摄入量为10微克。

维生素C

维生素C，又名抗坏血酸，其在人体内仅可保留4小时，每天至少需从食物营养中补充两次。维生素C可促进人体组织中胶原的形成，促进伤口愈合，提高抗氧化作用，帮助吸收铁质，促进造血功能，分解叶酸，并能预防坏血病。还能维持正常免疫功能和牙齿、骨骼、肌肉、血管的正常功能，增加皮肤弹性，防止普通感冒。

维生素C性质不稳定，极易被氧化，膳食中缺乏维生素C、平时维生素C摄入量不足及烹调不当造成维生素C流失是孩子缺乏维生素C的主要因素。婴幼儿缺乏维生素C会很容易感冒和被感染，缺乏活力，伤口不易愈合。

维生素C主要来源于新鲜蔬菜和水果，比较适宜婴儿吃的有番茄、豌豆苗、山药、土豆、木瓜、红枣、苹果、柑橘、柠檬、菠萝、猕猴桃、哈密瓜、葡萄等。中国营养学会针对婴幼儿推荐的维生素C的摄入量为：婴儿每日35～40毫克，1～3岁的幼儿每日40～50毫克。

维生素B_1

维生素B_1又名硫胺素，是维持我们生命活动最重要的维生素之一，需要每天从食物中摄取。维生素B_1可促进生长，帮助消化，增进食欲，促进食物中的碳水化合物转换为葡萄糖，改善精神状况，维持神经系统、肌肉、心脏的正常工作，防治神经炎和脚气病。

人体缺乏维生素B_1可导致呼吸急促、心脏周围疼痛、眼睛肌肉麻痹、便秘、感觉迟钝、食欲不振、体重下降、倦怠疲劳、情绪低落等症状，还会引发脚气病，影响神经系统的正常功能。

维生素B_1在谷物的皮和胚中含量较高，如面粉、大米等，而瘦肉、动物内脏、杂粮、坚果类、豆类中的含量也较丰富，蔬菜、水果中含量比较少，但芹菜和莴苣叶中含量较为丰富，不过芹菜不适宜给婴儿食用。

中国营养学会关于维生素B_1的推荐摄入量为：婴儿半岁前后每日0.2～0.3毫克，1～3岁幼儿每日0.6毫克。

维生素B_2

维生素B_2又名核黄素，其参与碳水化合物、蛋白质、核酸和脂肪的代谢，可提高机体对蛋白质的利用率，促进生长发育和细胞再生，它还可强化肝功能，调节肾上腺素的分泌，保护皮肤毛囊黏膜及皮脂腺的功能，促进皮肤、指甲、毛发正常生长，并帮助消除口腔内部、唇、舌的炎症，增强视力，减轻眼睛疲劳。

维生素B_2缺乏会对视力产生不利影响，先是畏光，严重时眼睛会充血，同时还可引起皮肤、生殖器部位炎症，常见的症状有口角炎、唇炎、舌炎、结膜炎和阴囊炎等。

人体不能储存维生素B_2，需要及时从食物中摄取。它广泛存在于动物与植物食物中，包括奶类、蛋类、畜禽肉类、动物内脏、鱼肉类、谷类食物、新鲜蔬菜与水果。中国营养学会推荐的维生素B_2的参考摄入量为：婴儿半岁前后每日0.3～0.5毫克，1～3岁幼儿每日0.6毫克。

叶酸

叶酸是B族维生素中的一员，是人体新陈代谢的重要中间传递体，参与脱氧核糖核酸及血红蛋白的合成，可预防婴儿先天性神经缺陷，促进生长发育，增进皮肤健康，预防及治疗叶酸贫血症，还有助于消除忧郁和焦虑。孕妇缺乏叶酸，可引起严重的胎儿神经管畸形；婴幼儿缺乏叶酸，可发生营养性巨幼红细胞贫血。

含叶酸较多的食物主要有绿叶蔬菜、水果、动物肝脏和肾脏、坚果、豆类及豆制品、全麦等。

中国营养学会推荐的叶酸参考摄入量为：1 ~ 6 个月婴儿每日 65 微克，7 ~ 12 个月婴儿每日 80 微克，1 ~ 3 岁幼儿每日 150 微克。

维生素 B_{12}

维生素 B_{12} 是唯一含有矿物质的维生素，可促进红细胞形成及再生，预防贫血，维护神经系统健康，还能促进生长发育，增进食欲，调节情绪，帮助脂肪、碳水化合物、蛋白质代谢。

人体一般不易缺乏维生素 B_{12}，但对于婴幼儿，还是需注意合理的饮食调配。维生素 B_{12} 主要存在于动物性食物中，其食物来源主要有动物内脏、肉类（如猪肉、牛肉、鸡肉、鸽肉）及海产品等，乳类及乳制品中含有少量。中国营养学会推荐的 0 ~ 3 岁婴幼儿对维生素 B_{12} 的参考摄入量为每日 0.3 ~ 0.7 微克。

维生素 K

人体对维生素 K 需要量很少，但婴儿却极易缺乏，它是促进血液正常凝固及骨骼生长的重要维生素，可防止婴儿患出血性疾病。深绿色蔬菜、藕及优酪乳是维生素 K 的极佳来源，鱼肝油、蛋黄、花椰菜、大豆油等也是不错的选择。中国营养学会推荐的各年龄段儿童维生素 K 适宜摄入量为每千克体重每日 2 微克。一般婴儿每日摄入量为 10 ~ 20 微克。

水是维持生命不可缺少的物质，是生物体最重要的成分之一，也是各类营养素发挥功能的重要基础中介物质。水能帮助代谢，调节体温，构成全身组织，并对各种食物的吸收和代谢有携带作用。对于婴幼儿来说，白开水才是最好的饮料，而水的足量摄取也直接关系着生长发育和健康。身体对水的需要量可按体重计算，婴儿每日的水摄入量为每千克体重 120 ~ 150 毫升；1 ~ 3 岁幼儿每日的水摄入量为每千克体重 100 ~ 140 毫升。

膳食纤维是保证婴幼儿不便秘的营养素，其良好的吸水性和膨胀性，可刺激消化液的产生和促进肠道蠕动，有利于毒素随粪便排出体外，以增进健康，防止便秘。天然植物性食物是膳食纤维的最好来源，水果、蔬菜、谷类、豆类都富含膳食纤维，但谷类加工越细，所含膳食纤维成分就会越少。婴儿以乳类食物为主，在添加辅食的过程中，随着谷类、蔬菜、水果等食物的摄入，膳食纤维摄取量已经有所增加，一般不作计量。但是，1 ~ 2 岁幼儿应每日摄入 5 克膳食纤维，2 ~ 3 岁幼儿应每日摄入 8 克。

添加辅食的基础知识

为什么要添加辅食

■补充母乳中营养素的不足

随着婴儿的生长发育和对营养素需要量的增加，仅依靠母乳已经不能满足婴儿对能量和营养素的需求，加之母乳的分泌量会逐渐减少，而宝宝出生 4 个月后体内储存的铁质逐渐消耗殆尽，加上母乳含铁量也相对较低，婴儿必须从辅助食品中获得足够的铁质和其他营养来满足生长发育的需要。

■促进消化功能和神经系统发育

精心制作、添加辅食可刺激婴儿增加唾液及其他消化液的分泌量，增强消化酶的活性，促进牙齿发育，增强消化功能，训练婴儿的咀嚼、吞咽能力，刺激味觉、嗅觉、触觉和视觉，有助于婴儿神经系统的发育。让宝宝接触、品尝到多种食物口味，可为顺利断奶和接受各种食物打下良好的基础，降低宝宝在长大后发生偏食、挑食的可能。

■培养良好的饮食习惯和独立性

辅食添加期是婴儿对食物形成第一印象的重要时期，在辅食的选择及制作方法上，要注意营养丰富、易消化和卫生。方法应用得当是孩子将来养成良好习惯的基础，可以使婴儿学会用勺、杯、碗等餐具，最后停止母乳和奶瓶吸吮的摄食方式，逐渐适应普通的混合食物。辅食添加期以完全断母乳为终结，这也是让宝宝学会独立和迈向独立的重要一步。而学吃泥状食物其实就是减少婴儿对母乳依赖和精神断奶的开始。

■让宝宝更加聪明

给宝宝喂辅食，也是一种融入家庭日常生活的小儿早期教育。其实就是利用宝宝眼睛的视觉、耳朵的听觉、鼻子的嗅觉、舌头的味觉、身体的触觉等，给予宝宝多种刺激，并力争让其更多地感受新鲜的事物，以达到早期开发脑力、启迪智力的目的。

婴儿营养护理的重要性

宝宝从出生到满 1 周岁为婴儿期，是从完全依赖母乳营养到依赖母乳以外食物营养的过渡期，也是生长发育最迅速的时期，此阶段的营养供给比任何年龄阶段都更为关键和重要。婴儿生长所需的营养，除去出生前从母体获得的一定量的储备外，主要来自母乳和饮食。婴儿对各类营养素（尤其是蛋白质）的需求比较多，但其消化吸收功能尚不完善，易发生消化紊乱和营养不良，因此，以母乳喂养和在合理的营养指导下添加辅食十分重要。应用营养丰富的多样食物逐步取代乳类成为主食，直至婴儿断奶。

婴儿营养护理的重点是合理喂养和让宝宝合理地获取营养。合理喂养是指保持营养素的平衡，满足婴儿体格、智力、心理等全面发育的需要。

婴儿需要经历“液体食物→泥糊状食物→固体食物”这样一个喂养过程，特别是以出生后第 4 ~ 6 个月的启动阶段最为关键。这时除母乳（包括人工喂养使用的乳类食品）外，要开始添加半流质（慢慢过渡到固体）食物，即必须按时、按量、按食物种类及时添加辅助食品。这不但能让宝宝从吃流质食物过渡到吃固体食物，满足快速生长发育的需要，防止发生佝偻病、贫血等疾病，而且还有重要的生存意义，即弥补婴儿 4 月龄后母乳分泌量及营养的不足；促进宝宝咀嚼和吞咽功能的发育，帮助乳牙萌出；通过进食和接触多种食物，促进语言能力的发展；扩大味觉感受范围；为断奶做好准备，早期建立均衡且多样化的良好饮食习惯。

循序渐进的辅食添加原则

婴儿的生长发育及对食物的适应性和爱好都存在着一定的个体差异，辅助食品添加的时间、数量和快慢等，要根据实际情况灵活掌握。为了宝宝全面地摄取营养和健康发育，添加辅食必须遵循一些必要的原则。

开始时，宝宝对食物的适应能力较差，不能多种食物一起添加，要一样一样地逐步添加，循序渐进，等宝宝适应一种后再添加另一种。一般添加新的食物最好在上午。若宝宝拒食或出现消化不良，要及时更换，千万不可勉强，以免宝宝产生逆反心理。一种食物添加后，最好持续喂 3 ~ 5 天再更换另一种新的食物。随着月龄的增加，如果几种食物宝宝都适应了，可逐渐同时将两三种或几种宝宝已经熟悉的食物混合着添加。另外，要注意选择搭配一些富含矿物质元素（特别是富含钙、铁、锌、碘）的食物。

添加食物的量要根据宝宝的营养需要和消化道的成熟程度来决定，应从少量开始，每天1次，逐渐增加次数和量。一旦宝宝出现大便性状异常、腹泻等症状时，应减少辅食量或停止喂食，等宝宝恢复正常后再从少量试喂开始。比如从1小勺米糊一天1次开始，让宝宝尝试，并注意其大便的变化，如果大便没有异常，可慢慢增加到2勺，每天喂2次，直到可成为单独的一餐。

开始添加时，辅食要稀、要软，逐渐从稀到稠，逐渐增加食物的黏稠度，例如从米汤、烂粥、稀粥，最后到稠粥、软饭。给予食物的性状从细到粗，例如从喂菜汤开始，逐渐试喂细菜泥、粗菜泥、碎菜到煮烂的蔬菜。

在8个月龄以前，宝宝的消化和排泄功能还比较娇嫩，辅食中最好不要添加食盐和各类调味品，以免增加肝、肾的负担。刚开始用小汤勺喂食时，可将食物送到宝宝唇边让他自己吸吮。这可让宝宝逐步适应日常餐具的使用，减少对乳头的依赖，从而为断奶打好基础。另外，宝宝生病期间，应减少或停止添加辅食，以减轻胃肠道负担。

添加一种新的食物后，如宝宝有呕吐、腹泻、出疹子等消化不良反应或过敏症状，要暂缓添加，但不能认为是他不适应此种食物而从此不再添加。可以待症状消失后再从少量开始试着添加，如果仍有不良反应，则应暂停食用并咨询医生。婴儿患病时最好停止添加新的食物。

当宝宝不愿意吃某种新食品时，切勿强迫，可以通过改变烹调方法和喂食方式来引导进食，比如在宝宝口渴时给予菜汁。还应注意千万不能在进餐时训斥宝宝。

宝宝的辅助食品要单独制作，食材一定要新鲜，制作过程要卫生，以免宝宝因食入不干净的食物而患病。给宝宝的辅食最好现做现喂，一般不要喂食存留的食物。

婴儿喂养指南

■ 0～6个月坚持纯母乳喂养

母乳是6月龄之内婴儿最理想的天然食品，所含营养物质齐全，各种营养素比例合理，含有其他动物乳类不可替代的免疫活性物质，非常适宜生理功能尚未发育成熟的婴儿身体快速生长发育的需要。而且母乳喂养还有利于增进母子感情，并有助于母体的复原，经济、安全，又不易发生过敏。一般纯母乳喂养能满足6月龄以内婴儿所需要的能量和营养素。

6 月龄以内的宝宝应按需喂奶，每天可喂 6 ~ 8 次，从 6 个月龄（最早 4 个月龄）开始尝试添加辅食的同时，应继续母乳喂养。妈妈喂奶时应坐着，两侧乳房轮流喂，吸尽一侧再吸另一侧。如果一侧已经够宝宝吃了，应将另一侧乳汁用吸奶器吸出。喂完奶后，不要马上把宝宝平放，应将其竖直抱起，让头靠在妈妈的肩上，轻轻拍背部，排出吞入胃里的空气，以防止溢奶。

母乳喂养宝宝的妈妈还应注意产后要尽早开奶，初乳的营养最好。在分娩后 7 天内，乳母分泌的乳汁为淡黄色，质地黏稠，称为初乳，营养最为丰富，还含有免疫活性物质，在产后 1 小时内即可开始喂奶，尽早开奶可减轻新生儿生理性黄疸、生理性体重下降和低血糖的发生。当因为各种原因而不能用纯母乳喂养宝宝时，应首选婴儿配方奶粉和婴儿食品喂养。婴儿配方奶粉是除了母乳外，最适合宝宝生长发育需要的食品，其营养构成与含量相对较为接近母乳。

■预防维生素 D 和维生素 K 缺乏

妈妈还要尽早抱宝宝到户外空气清新的场所活动一下，多晒晒太阳，或在医生指导下适当补充维生素 D 制剂，这对预防维生素 D 和钙的缺乏很有帮助。

给 0 ~ 6 月龄宝宝及时补充适量维生素 K 也很重要。因为母乳中的维生素 K 含量低，为了预防 0 ~ 6 月龄宝宝出现与维生素 K 缺乏相关的出血性疾病，建议在专业人员的指导下，及时给 0 ~ 6 个月的宝宝补充维生素 K。控制 0 ~ 6 月龄婴儿维生素 K 缺乏的关键措施是预防，包括孕妇和乳母都要多食用富含维生素 K 的食物。而且，给 6 月龄（最早 4 个月龄）的婴儿开始添加辅食时，也需加入富含维生素 K 的食物。

■及时合理添加辅食

到婴儿 6 月龄时，喂养方式还是要坚持乳类优先，继续母乳喂养。这时母乳仍然是婴儿的重要营养来源，但是单靠母乳已经不能满足婴儿的全部营养需求，因此在继续母乳喂养的基础上，从 6 月龄开始（最早可从 4 月龄开始），就需要逐渐给婴儿补充一些非乳类食物，包括

果汁、菜汁等液体食物，米粉、果泥、菜泥等半固体食物以及软饭、烂面和切成小块的水果、蔬菜等固体食物，这一类食物统称为辅助食品，即辅食。辅食添加的顺序为：首先添加谷类食物（如婴儿米粉），对于母乳喂养的婴儿，第一种辅食也可以是配方奶粉，然后添加蔬菜汁、蔬菜泥，再是水果汁、果泥，最后添加动物性食物（如蛋羹和鱼、禽、畜肉泥或肉松等）。专家建议动物性食物添加以蛋黄泥→鱼肉泥（剔净骨和刺）→全蛋（如蒸蛋羹）→肉末的顺序较好。

辅食中每添加一种新食物，都要由少到多、由稀到稠，循序渐进，再逐渐增加辅食的种类，并由半固体食物逐渐过渡到固体食物。一般建议从宝宝6月龄时开始添加半固体食物（如米糊、菜泥、果泥、蛋黄泥、鱼泥等），7～9月龄时可由半固体食物逐渐过渡到可咀嚼的软固体食物（如烂面、碎菜、全蛋、肉末），10～12月龄时，大多数婴儿可逐渐转为以进食固体食物为主。

提供婴儿营养的辅助食品形式有三种：液体食物、半固体食物、固体食物。液体食物包括菜汁、水果汁等；半固体食物有稀粥、米糊、蔬菜泥（深色蔬菜叶、胡萝卜、番茄、土豆等）、水果泥（苹果、香蕉、橙子、猕猴桃、葡萄、桃子等）、蛋黄泥、鱼肉泥、蒸鸡蛋羹、肝泥、豆腐泥等；固体食物有软饭、烂面、馒头片、碎菜、水果片或块、肉末（如肉丸子）、碎肉等。

■尝试多种多样的食物

婴儿6月龄后，每餐的安排可逐渐尝试搭

配谷类、蔬菜、动物性食物，每天要有水果。让婴儿逐渐开始尝试和熟悉多种多样的食物，特别是蔬菜类。随着月龄的增加，也应根据婴儿的需要，增加食物的品种和数量，调整进餐次数，并逐渐增加到每天三餐（不包括乳类进餐次数）。要注意限制果汁的摄入量和避免提供低营养价值的饮料或其他饮品。制作辅助食品时应尽可能少放糖、不放或少放盐，不放调味品，选择新鲜、卫生的食物原料，根据婴儿的需要制作液体、半固体、固体辅助食品；多选择蒸、煮或炖的方式，可加少量食用油。

在食物选择上，要注意水果不能代替蔬菜，果汁不能代替水果。尽管蔬菜和水果在营养成分和健康效应方面有很多相似之处，但它们毕竟是两类不同的食物。一般来说，蔬菜（特别是深色蔬菜）的维生素、矿物质、膳食纤维和植物化学物质的含量要高于水果，故水果不能代替蔬菜；而水果中的碳水化合物、有机酸和芳香物质比新鲜蔬菜多，且水果食用前不用加热，营养成分不受影响，故蔬菜也不能代替水果。

果汁是由水果经压榨去掉残渣制成的，但加工过程会对水果的营养成分（如维生素 C、膳食纤维等）造成一定破坏。所以，当婴儿能够进食半固体和固体食物时，应尽量选择新鲜水果切碎来喂。

■培养婴儿良好的饮食习惯

专家建议，要用小勺给婴儿喂食物。7 ~ 8 月龄的婴儿，可开始允许其用手握或抓食物吃，到 10 ~ 12 个月时，应鼓励婴儿自己用小勺进食，这样可锻炼婴儿手眼协调能力，促进精细动作的发育，因为良好的饮食习惯正是从婴儿时期就开始培养的。

婴儿正确的饮食习惯应该是：固定就餐时间和位置；进食量适宜，品尝各种各样的食物味道；就餐时情绪良好并专心致志；不偏食不挑食。良好的饮食习惯是保证婴儿营养全面和身心正常发育的重要前提，能保证婴儿对食物的喜好，还对婴儿今后的饮食和健康非常重要。

培养婴儿良好的饮食习惯首先要为婴儿创造良好的进餐环境，最好能固定吃饭的时间和喂食者；其次要避免婴儿吃饭时分心，多与他进行眼神、语言的交流，帮助他养成专心进食的好习惯，还要多注意调整食物种类、搭配、性状、花色、口味，以提高婴儿的进食兴趣。

准备辅食三步骤

准备做辅食的常用工具

宝宝出生 4 个月以后，合理地添加辅食是保证其营养全面、健康发育的重要工作。要想方便、卫生地给宝宝制作辅食，妈妈要先专门准备一些操作便利的哺喂用具，带着深深的母爱和愉快的心情制作的辅食，宝宝一定会喜欢。

其实，制作婴儿辅食并不一定需要使用什么特殊的工具。那么，有哪些制作辅食的工具是必不可少又方便实用的呢？

菜板、刀具

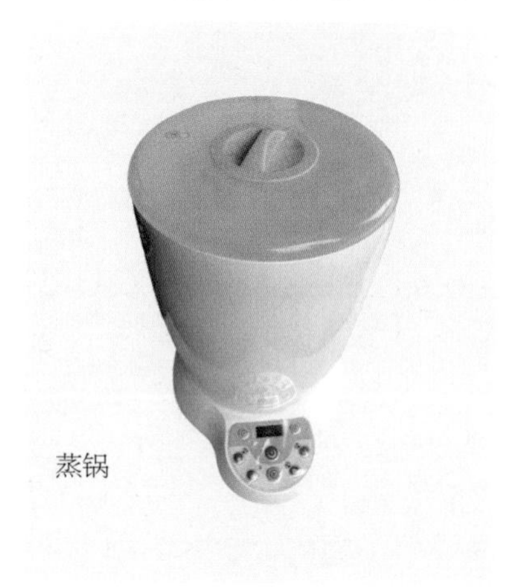

蒸锅

■厨房一般用的工具

菜板

菜板是需要多次使用的辅食制作工具，要常洗、常消毒。最简单的消毒方法是用开水烫，也可以选择日光晒。最好给宝宝用专用菜板制作辅食，这对减少交叉污染十分有效。

刀具

给宝宝做辅食用的刀应与成人做饭用的刀分开，以保证清洁。每次做辅食前后都要将刀洗净、擦干，减少因刀具不洁而污染辅食的可能。

蒸锅

蒸锅用来蒸熟或蒸软食物，蒸的食物口味鲜嫩、熟烂、容易消化，能在很大程度上保存食物营养。普通蒸锅就行，也可选用小号蒸锅，最好是备一个宝宝专用的。

消毒用的蒸煮锅应该大一些，以便放下所有器具，一次完成消毒过程。但有些塑料的辅食制作用品不宜直接以蒸煮的方式高温消毒，需要特别留意。

■专用工具

以下这些工具都是制作辅食的常见工具，妈妈们可根据自己的实际情况选择，但前提是要质量好，材质稳定，容易清洁。

小汤锅

煮食物或煮汤用，也可用普通汤锅，但小汤锅较为方便、省时、节能。

小汤锅

磨泥器

即研磨棒和研磨碗，可将食物磨成泥，是辅食添加前期的必备工具，在使用前需将研磨棒和研磨碗用开水浸泡一下消毒。研磨棒最好是用原木制的，安全无毒，易于抓握和研磨。研磨碗内的研磨脊纹可防止食物黏附，配合研磨棒可更细致地捣碎纤维多的食物，可研磨各类食物。

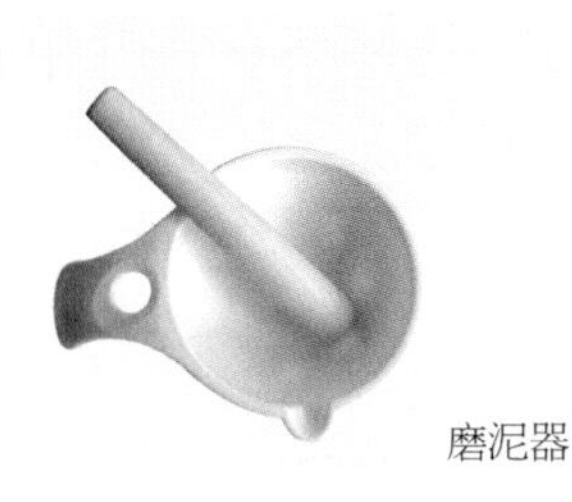

磨泥器

摩擦器

可细致地将坚硬的蔬菜、水果和事先煮熟的肉类快速磨碎。可根据宝宝的月龄和处理食物的不同，选用不同网眼的摩擦器，以便于制成不同大小的碎末。用后一定要刷洗干净，下次使用前要用开水浸泡消毒。

摩擦器

榨汁机

宝宝 4 个月后可添加果汁和菜汁，所以榨汁机是必不可少的，最好选购有特细过滤网、带有搅拌功能、部件可分离清洗的，这样用来榨果汁、蔬菜汁等可直接过滤，也可帮助制作泥状辅食，如南瓜泥、土豆泥、红薯泥等。使用时可将食材切成小块，煮熟，放入榨汁机几秒钟，即可打出又滑又香的食物泥。另外，它还能把坚果类食物打碎成末，如花生仁、核桃仁、芝麻、榛子等。

榨汁机

过滤器

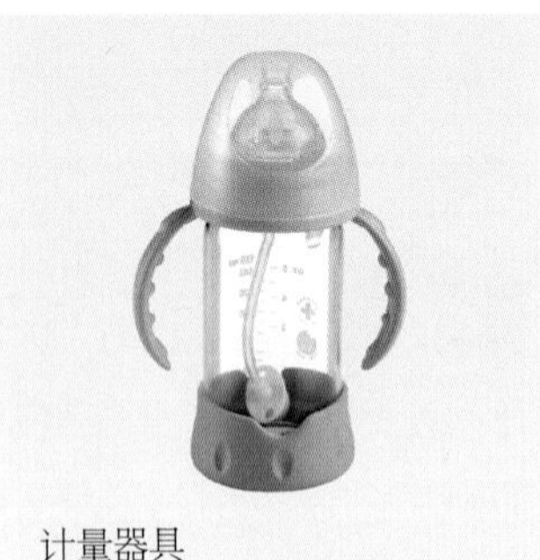
计量器具

专用哺喂碗勺

过滤器

一般的过滤网或纱布（细棉布或医用纱布）都可用作过滤器，每次使用之前都要用开水浸泡消毒，用完洗净、晾干。过滤后的食物会变得更为细腻、光滑，容易喂食。一般用研磨棒或小勺挤压水果泥、菜泥等用过滤网过滤。

计量器具

用来计算辅食的量，只要是固定的容器就可以作为计量器，最常用的是量匙和量杯，测量辅食原料用量和水量时会经常用到。量杯宜选耐高温的玻璃杯，最好是能直接用微波炉加热的那种。

专用哺喂碗勺

市场上婴儿专用的碗、勺品种十分丰富，但功能差异不大，如果为塑料类餐具，一定要选择质量优良的品牌。需要注意的是，在宝宝六七个月开始长牙的时期，喂食时最好选择软头勺，这样更有利于喂食和保护宝宝的牙床。

现在市面上有很多制作辅食的套装工具，如婴儿食物研磨组合装、婴儿食物制作容器组合装、蔬果切割器等，它们的优点是能做到宝宝专用，妈妈们可酌情选用。但在给宝宝制作辅食时一定要注意卫生，一般要选易清洗、易消毒、形状简单、颜色较浅、容易发现污垢的工具和餐具，塑料制品要选无毒、开水烫后不变形的，玻璃制品要选不易碎的。给宝宝加工辅食的用具宜选用食品级不锈钢的，不宜用铁、铝制品，以防因器具选材不当而对宝宝的健康造成不利影响。

基础辅食的做法

■食物怎样切更科学

给宝宝制作蔬果类辅食时，为了让他们吃起来、消化起来更容易，一定要将蔬果的纤维切断。一般是先找到食物纤维的生长方向，然后用刀横切切断。而且蔬果纤维切断后捣碎研磨的工序也会变得十分容易。

蔬菜类的食材清洗后先煮一下，再沥干水分，切断纤维并切成薄片，将若干薄片重叠，细细切成丝之后再换个方向把细丝切成末。

细长的瓜果类、根茎类食材（如小胡萝卜、小黄瓜、莴笋）要先从食物柱身侧边切成厚度均匀的长片，然后切成长条，再横切切断纤维，切成均匀的小颗粒。

番茄、洋葱、苹果等球形的蔬果从中间竖着切开，然后从中间开始切成橘子瓣状的薄片。

将肉或鱼按纹路垂直于刀锋摆放好，左手轻轻压在上面，然后轻轻地垂直切下薄薄的片。

■煮食物的方法

掌握煮食物时添加水的三种技巧。一是加到食物稍微露出水面；二是将食物入锅后加水至刚刚浸没食物；三是食物入锅后，加水至完全浸没食物，并使之完全沉入水底。下面介绍几条煮食物的基础知识和窍门。

1. 将食物放入锅里加好水，上火煮沸后将火调小，继续加热煮至食物完全柔软即成。

2. 锅内加水，上火烧至沸腾后加入要煮的蔬菜。如果是菠菜等带根部的蔬菜，要将不容易煮熟的根部先放入锅中。

3. 煮切成薄片的鱼肉时，也要先把水烧沸，再加入鱼肉，待表面变色后再继续煮一会儿，让食物内部也熟透。

4. 煮切成薄片的肉时，要先把水烧沸，然后将肉片展开，一片片放进去，待肉表面颜色完全变白后捞出。

5. 煮绞肉时，锅加水，上火烧沸，将绞好的肉放入茶漏网，一起放入锅中煮，一边轻轻搅拌，一边煮，至肉末变成白色熟透即成。

■食物研磨、碾碎的基本方法

食物煮软后将水分沥干，趁着还有余温时放入研磨用的小碗中，逐块捣碎，动作不要太大，要逐块轻轻碾碎。注意要将食物（特别是蔬菜类）切成小块后再磨碎，块太大不容易研磨。碾碎的食物如果还是感觉偏硬，要加入少许汤汁（或果汁）用小勺充分搅拌调和。

对于需要给宝宝磨细过滤的食物，应煮熟后先沥干水分，然后放在过滤网上，用勺子轻轻按压，待食物过滤完后，可将粘在过滤网下面的部分食物也刮下来。

用手来碾碎食物：将食物煮至熟软后把水分沥干，趁热用保鲜膜包裹2～3层，用手指进行按压，碾成泥状或碾碎。

用摩擦器擦碎食物：要将去好皮的食物（如胡萝卜、土豆）顺着纤维可被切断的方向擦刮。

■食物调糊

制作辅食很重要的一个方法就是调制糊状食物，淀粉类材料是常用的基本原料。将淀粉和水以1：2的比例调成淀粉糊，然后倒进烧沸的煮食物的汤锅里充分搅拌，即可达到需要的糊状。下面介绍几种适合调糊的食物。

土豆：生土豆削皮后擦磨好，然后加入汤汁中加热煮糊。也可先将土豆去皮切成小块后蒸熟，然后适当加入汤汁研磨成糊。

豆腐：将豆腐研磨（如选冻豆腐干，要先

擦磨好）后加入汤汁中加热。也可先将豆腐切好煮（或蒸）熟，再加入适量汤汁研磨成豆腐糊。

香蕉：去皮碾碎即可。可把去皮的香蕉用开水烫一下以作消毒。若碾碎的香蕉感觉太黏稠，可加入适量果汁、牛奶或汤水调和搅拌。

面包屑：可加入汤汁后加热。配合断奶食品进程，婴儿尚小时如觉得颗粒较大，可进行过滤研磨。

酸牛奶：可加入适合的断奶食品中充分搅拌。

另外，还可将去了外皮的面包掰碎后放入锅里，加入牛奶后开小火，轻轻搅拌，煮成糊状。根据不同月龄宝宝的需要，还可再放入碗中细细研磨调和。

常见辅食巧手做

■粥的制作

取米约 1/4 碗，淘洗干净，沥干水分，然后把米和约两杯半的水放入锅里，放置 20 分钟左右，让米粒吸足水分。开中火煮粥，烧沸后转小火煮 20 ~ 25 分钟，关火后盖上锅盖闷 7 ~ 8 分钟，然后放入碗中研磨，将米粒捣碎。

将米饭 1/2 杯（约 120 克）和 2 杯水同时放入锅内，轻轻搅拌后开中火，煮开后转小火，继续煮 10 分钟左右，关火后盖上锅盖闷 7 ~ 8 分钟，然后放入碗中研磨，一边碾碎一边调和成糊状。

10 倍水的粥（4 ~ 6 个月），米和水的比例为 1 ： 10，米饭和水的比例为 1 ： 4。

7 倍水的粥（7 ~ 8 个月），米和水的比例为 1 ： 7，米饭和水的比例为 1 ： 3。

5 倍水的粥（9 ~ 11 个月），米和水的比例为 1 ： 5，米饭和水的比例为 1 ： 2。

软饭（11 个月 ~ 1 岁半），米和水的比例为 1 ： 2，米饭和水的比例为 1 ： 0.5 或 1 ： 1。

在 6 ~ 12 月龄时，宝宝摄入的淀粉量应从每天 25 克逐渐增加到每天 50 克，基于宝宝体内的淀粉酶未发育完善，因此量不能太多。

■蔬菜汁（汤、水）的制作

选择一种适合的新鲜蔬菜约 200 克，择洗去皮后切碎（或小块），放入锅中后加水 3 ~ 4 杯，用大火烧开后转小火，继续煮 5 ~ 10 分钟，在煮的过程中要撇去出现的浮沫。然后用细网笊篱过滤出蔬菜汁便可。也可待温度适宜后用消过毒的纱布挤压出蔬菜汁。蔬菜汁要随做随用，因为放置后其中的营养成分（特别是维生素 C）会被破坏、丢失。

适合给宝宝做蔬菜汁的蔬菜选择没有什么特别的要求，一般只要没有刺激的味道、浮沫比较少的都可以，比较常用的有卷心菜、胡萝卜、苋菜、油菜、白菜、青菜梗等。不适合给宝宝做蔬菜汁的常见蔬菜有：带有特殊气味的芹菜和会产生较多泡沫的菠菜。

■菜泥的制作

取新鲜胡萝卜、土豆、南瓜、红薯，洗净、去皮后放入锅中蒸熟或加水煮熟，取出后放在碗内用勺压碎。也可选用青菜叶，加开水煮5分钟，将菜煮烂，再将煮烂的菜叶放在清洁的不锈钢筛网内过筛，筛下的泥状物即菜泥。为了增加口感，可加入几滴熟的植物油。

■新鲜果汁制作

为婴儿准备的果汁，必须是新鲜的，不能含任何人工添加剂，因此不提倡直接购买商场里的成品果汁。爸爸妈妈每天都应抽出一点时间为宝宝制作一份新鲜的自制果汁，这是保证果汁营养和质量的最好方法，不过一定要注意卫生。

不要一味以营养素含量的多少作为选择水果的标准，对宝宝来说，新鲜的时令水果才是最好的选择。如春天的樱桃、草莓，夏天的西瓜、蜜桃，秋天的梨、苹果，而冬天也可选苹果、橘子等。

将刀、削皮器、过滤网、杯子、小碗、小勺、榨汁机、案板等都清洗干净，用开水烫一下消毒。将要用的水果用果蔬清洁剂洗净，用清水浸泡一会儿，然后再冲洗干净。

将水果切成小块，放入榨汁机中榨取果汁，

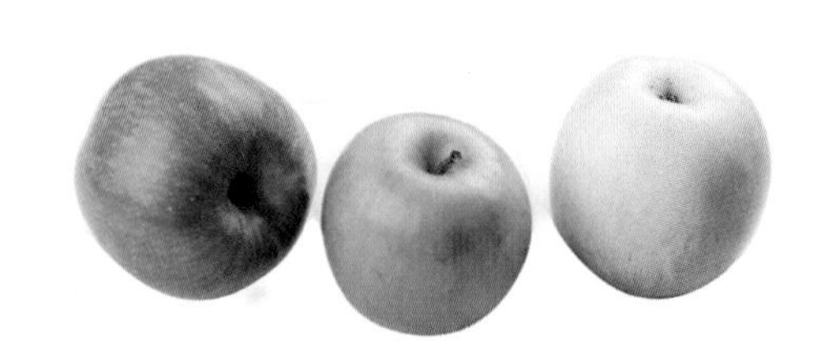

将榨出的果汁用过滤网过滤好。

对于4月龄刚开始添加果汁的宝宝来说，纯果汁浓度太高了，专家建议按1：1的比例加入适量温开水调匀，不要加糖。随着宝宝月龄的增加再逐步加大果汁的浓度。

■果泥的制作

取适量新鲜的水果（苹果、梨、桃、草莓、香蕉、猕猴桃等均可），洗净，削皮，用勺子刮出果肉，成泥状，即果泥。也可用研磨器研磨或用榨汁机搅打成泥。

■鱼泥、肝泥的制作

取新鲜鱼类（如鲫鱼、黄鱼、鳜鱼等），将鲜鱼剥去鱼皮、去除大刺，取净鱼肉适量，放入锅中蒸熟或加水煮熟，取出放在盘中再反复清除小鱼刺，压磨成泥状后可直接食用或添加到粥、烂面条中。

肝泥的制作方法与鱼泥类同。取新鲜动物肝脏（如鸭肝、鸡肝、猪肝等），将新鲜的动物肝脏洗净，去筋切碎，放入碗中，加适量水蒸熟，研磨后即可直接喂食或添加到粥、汤、碎面条中。

PART 2

断奶初期：4 ~ 6 个月婴儿断奶营养餐

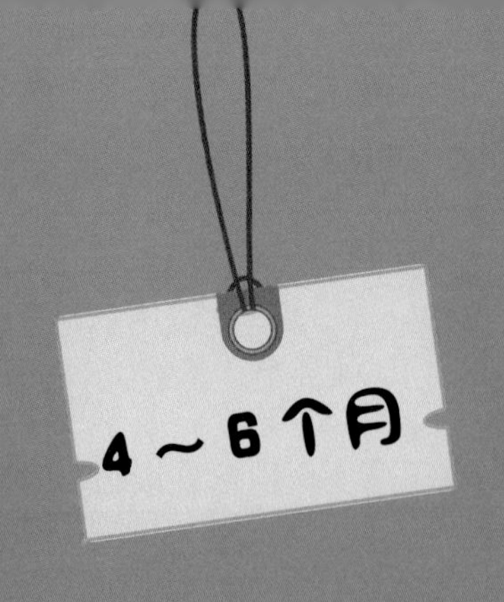

婴儿的营养饮食指南

断奶初期辅食的添加和喂养

4个月以上的婴儿生长发育进入了一个新的阶段，其消化器官及消化能力逐渐完善，由于活动量的增加，消耗的能量也增多，此时的喂养要比4月龄前复杂了。在这一时期仍应以母乳（或婴儿配方奶）喂养为主，同时可开始适当添加少量辅食。如果母乳分泌较少，在母乳基础上婴儿配方奶喂养量可维持在每天300～600毫升。喂乳次数可减少至每天5次，上、下午各2次，晚上睡觉前1次，夜间一般情况下可不再喂乳。在这一时期应加喂半流质的辅助食物，为宝宝以后吃固体食物开始做准备。除了可尝试加喂米汤、米糊、菜汁、果汁外，还可酌情添加一点儿水果泥、蔬菜泥等，以使宝宝获得更全面的营养补充。另外，可在医生指导下继续加喂鱼肝油（即维生素A+维生素D），一般每次1滴，每天1～2次。

5个月的婴儿食物还应以母乳或其他代乳品为主，喂养方式和时间可以按4个月的方法进行。在辅食添加方面，如果宝宝的消化吸收情况良好，大便正常，可以稍微增加果泥、菜泥的喂食量。同时，由于宝宝体重和活动的增加，除了以上食品外，在宝宝体重增长满意的情况下，还需要补充淀粉类食物，如米粉糊、稠米汤、烂米粥等都可以选择。此时，婴儿消化道内淀粉酶的分泌明显增加，及时添加淀粉类食物不仅能补充乳品能量的不足，还可以培养宝宝咀嚼的意识。另外，可添加一些蛋黄泥和鳕鱼、黄鱼等鱼肉制作的鱼泥，同时，仍需加喂鱼肝油，每次1滴，每天1～2次。

6个月的婴儿对能量和营养成分的要求更高了，还要继续坚持母乳喂养，即主食方面还应以母乳或配方奶粉为主，但可逐渐延长喂奶间隔，减少每次喂奶的时间，并逐渐增加辅食的数量。一般情况下，宝宝每天可吃2次粥，每次可给小半碗，每次米量约25克，还可以吃少量碎面条，鸡蛋黄一般来说可增加到每天大半个。此时，一些宝宝已经开始出牙，在辅食中可加入鱼末（泥）、动物血等多种营养食物，并可根据情况给宝宝尝试吃一点点固体食物，如碎饼干、面包等，在促进牙齿萌出的同时开始让宝宝锻炼咀嚼能力。

宝宝膳食安排注意要点

刚开始给 4 个月的宝宝增加辅食时，应当选择光线柔和、温度适宜、相对安静、干扰小的环境，这能使宝宝心情舒畅、情绪稳定，有利于快乐进食和对营养素的消化、吸收。

一些父母在宝宝不到 4 个月时就开始加餐，专家建议，应尽量避免在婴儿4月龄前添加辅食。过早添加辅食，虽然补充了一些母乳外的能量和营养素，但会使婴儿的母乳摄入量迅速降低，导致总的能量和营养素摄入明显减少，甚至会造成过早断奶，还可能致使儿童将来肥胖。

专家建议，至少 4 个月以后再给宝宝添加果汁。果汁的含糖量较高，过早添加果汁会影响宝宝早期奶量的摄入，尤其对母乳喂养的宝宝来说，会减少吸吮的次数，从而降低乳汁的分泌量。另外，果汁一般偏酸性，过早添加也不利于宝宝胃肠道的发育。

新鲜水果含有完整的营养成分，而各类经过加工的果汁制品在加工过程中会损失不少营养素，多半还添加香精、色素等成分，对婴儿健康不利。

给 4 ~ 6 个月的婴儿及时添加辅食的重点其实是训练其习惯另外一种进食方式，并非以补充营养为唯一目的。这个阶段辅食要量少，过量加入辅食往往会造成宝宝腹泻，还可能导致母乳喂养失败。

从宝宝出生后第 4 个月开始，妈妈们多半开始准备给宝宝添加辅食，但要注意的是，由于宝宝舌头动作与吞咽技巧还不熟练，消化功能还非常不完善，故此时不可急于添加固体食物。另外，宝宝多半要到六七个月时才会长牙，所以，宝宝在此之前的主要进食动作是吸吮而不是咀嚼。

宝宝腹泻期间和之后，应采取“少量多次”的方法继续给宝宝正常喂食，不能减少食物。这样做既可保证宝宝正常发育，又能加速其肠胃功能的恢复。

6 个月内的婴儿会对鸡蛋清过敏，辅食中不宜添加。4 ~ 8 个月的婴儿在辅食添加时应只吃蛋黄，一般从尝试 1/4 个开始，到 1/2 个，再逐渐增加到 1 至 1 个半蛋黄，一般应安排在两顿奶之间喂食蛋黄。等到宝宝 10 个月后再吃整个的鸡蛋。

4 ~ 6 月龄婴儿辅食摄入量参考

母乳或婴儿配方奶粉喂养，每天共 800 毫升奶量。

开始加辅食时以尝试食物味道、培养进食兴趣为主，添加少量，以不太影响进奶量为佳。

1 ~ 2 勺稠粥（或 10 ~ 25 克米粉）+ 1~2 勺蔬菜泥（或 1 ~ 2 勺水果泥）+ 1/4 ~ 1 个蛋黄。

每天可分开给宝宝尝试 1 ~ 2 次的辅食有：

谷类食物，如米粉糊、米粥、麦粉糊等。

蔬菜水果类食物，蔬菜如胡萝卜、油菜叶、小白菜叶、菠菜、苋菜、番茄、土豆、南瓜、红薯等，可制成菜汁、菜泥；新鲜水果，如苹果、桃、香蕉、梨、西瓜等都可选用，可制成果汁、果泥。

豆制品，如大豆蛋白粉、豆腐花、嫩豆腐等。

动物性食物，如蛋黄、无刺鱼肉、动物血、动物肝泥等，其中动物肝和血一般每周添加 1 次为宜。

另外，还需要在医生指导下喂服鱼肝油。

小白菜汁

食 材

小白菜50克。

妈咪巧手做：

1. 将小白菜切除根部后剥开，用清水彻底洗净，切成小段。

2. 将约120毫升清水煮开，放入小白菜段，煮3～5分钟后熄火。

3. 用细网筛过滤出小白菜汁即可。

宝贝营养指南：

小白菜是含维生素和矿物质最丰富的蔬菜之一，用它做辅食喂宝宝有助于宝宝补充营养，增强免疫能力。用小白菜、油菜等各种新鲜的蔬菜做的菜水（汁）适合3个月以上的宝宝。刚开始要少量喂食，随着宝宝月龄增长，适应程度逐渐加强，慢慢增加分量，最后可与米汤或米糊混合，如做成小白菜米汤、油菜米汤。

一般先从蔬菜水、蔬菜泥开始添加，每次给一种蔬菜，给2～3天，再换别的蔬菜。一般是从土豆、胡萝卜、西葫芦开始，孩子吃就吃，不吃不强迫。蔬菜添加2周后可以开始加水果泥。千万不要加盐，1岁以内的宝宝尽量不要吃盐。

番茄汤

食材

新鲜番茄 100 克（约 1 个）。

妈咪巧手做：

1. 番茄洗净，将刀和砧板分别消毒，然后把番茄切成块。
2. 锅烧适量开水，下番茄块煮透，滤去番茄渣，倒出汤水，装入奶瓶，晾温后即可给宝宝喂食。

宝贝营养指南：

番茄的维生素含量很丰富，尤其是维生素 A、维生素 C、维生素 P 的含量都高，还富含番茄红素，用它做辅食喂宝宝对宝宝营养摄取和健康发育很有帮助，还能清热解毒、健胃消食、增进食欲。也可把番茄用开水烫软后去皮，切成小块或研磨碎后挤取汁，加入等量温开水调匀即可。

在喂奶前后不宜马上给宝宝喝番茄汤（汁），否则可能会引起宝宝的肠胃不适。每次只宜选用一种果蔬来做，刚开始可取 15 ~ 20 毫升的原汁调制，往后逐渐增加分量。

食材

新鲜苹果 150 克（约 1 个），白砂糖少许。

苹果糖水

妈咪巧手做：

1. 苹果洗净，削去皮，切开，去除核，取果肉切成小块。
2. 将切好的苹果块放入锅中，按果肉与水约 1 ∶ 3 的比例加入水，置火上烧开，再煮 5 ～ 6 分钟。
3. 滤出苹果水，放一点点白砂糖调味即可。

宝贝营养指南：

选用一些适合宝宝的新鲜水果来制作果汁或其他辅食，适当添加到宝宝日常饮食中，对提高其免疫力很有帮助。

小贴士　婴儿的肠胃功能还很脆弱，应挑选熟透、没有酸味的苹果。没有用完的水果大人最好吃掉，再做时用新鲜的。

食材

紫苋菜 150 克。

苋菜汁

妈咪巧手做：

1. 将苋菜择洗干净，取鲜嫩部分切成小段，用开水烫一下，沥干。
2. 小锅置火上，放入约 150 毫升水烧沸，倒入苋菜段，煮 5 分钟，离火后再闷 10 分钟，滤去菜渣取汤水喂给宝宝吃。

宝贝营养指南：

苋菜富含易被人体吸收的钙、铁、维生素 K，对骨骼及牙齿的生长和发育有很好的促进作用，并能增强造血功能。一般要先喂食宝宝菜水，待其逐渐适应后，再逐渐向菜泥过渡。

小贴士　在制作菜水时，菜一定要煮烂，菜渣也要过滤干净。

食 材

胡萝卜 50 克，热米汤 60 毫升。

胡萝卜米汤

妈咪巧手做：

1. 将胡萝卜去皮后洗净，切成小粒备用。
2. 将 100 毫升水煮开，放入胡萝卜粒，煮透后熄火，用滤网过滤出胡萝卜水。
3. 将米汤、胡萝卜水一同装碗，搅匀，待稍凉后喂食宝宝。

宝贝营养指南：

胡萝卜含有丰富的胡萝卜素，在人体内可转化为维生素 A，可以保护眼睛、润泽肌肤，有利于婴儿的牙齿和骨骼发育。

小贴士

刚开始时应先喂约 1 匙单一的蔬菜汁，每天 1 ~ 2 次，等宝宝适应后，可以按 1 ：1 的比例，把米汤和蔬菜汁拌匀喂食。等宝宝再适应后可增加分量，也可加入米糊和蔬菜泥。但在喂宝宝胡萝卜汤时，不可连续吃得太多，否则宝宝的皮肤、四肢也会呈黄色。

食 材

鲜橘子 100 克（约 1 个），白砂糖少许。

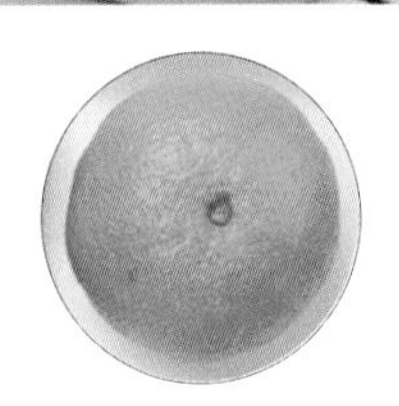

美味橘汁

妈咪巧手做：

1. 将鲜橘子去皮，切成两半，再切成小块。
2. 把橘子放入洗净、消过毒的榨汁机或挤果汁器具上榨取果汁。
3. 在榨好的橘子汁中加入适量温开水和少许白砂糖调匀即可。

宝贝营养指南：

橘子含有丰富的葡萄糖、果糖、苹果酸及胡萝卜素、维生素 B_1、维生素 B_2、烟酸、维生素 C 等多种营养素，特别是含量丰富的维生素 C 对宝宝的健康来说是不可或缺的，榨取果汁喂食 4 ~ 6 个月的婴儿十分有益。

小贴士

在喂食橘汁前后 1 小时内不宜喂奶，因为奶中丰富的蛋白质遇到果酸会凝固，从而影响消化吸收。

食材

西瓜 200 克。

西瓜汁

妈咪巧手做：

1. 西瓜去皮取瓜瓤，把西瓜子去除干净。
2. 把西瓜瓤放入碗内，用小匙捣烂，再用洁净的纱布过滤出西瓜汁。
3. 把西瓜汁搅匀，即可给宝宝喂食。根据宝宝适应的情况，开始可加少许温开水稀释一下。

宝贝营养指南：

西瓜含有人体所需的几乎所有营养成分，是最纯净、最安全的水果佳品，有消暑清热的作用。西瓜汁尤适宜夏季喂食给婴儿。

要选用新鲜的西瓜，纱布应做高温消毒处理。宝宝消化不良及胃肠道出现问题时不宜喂食西瓜汁，以免减弱和影响胃功能。

食材

葡萄150克，
白砂糖少许。

葡萄汁

妈咪巧手做：

1. 将葡萄洗净，用开水烫一下，晾干撕去皮。
2. 用消过毒的纱布包好葡萄，绞挤出葡萄汁（或放进榨汁机榨汁），加入等量的温开水稀释调匀，酌情调入少许白砂糖，即可喂食。

宝贝营养指南：

葡萄中含有丰富的葡萄糖、果糖、苹果酸、胡萝卜素和钙、钾、磷、铁及维生素 B_1、维生素 B_2、维生素 B_6、维生素 C、维生素 P 等营养成分，对婴儿生长中的营养需求来说是良好的补充。

葡萄汁对调节婴儿发育迟缓和厌食有一定的帮助，但需经常服用方可有效。有厌食症状的婴儿比同龄者显得瘦小，且面色发黄，头发稀少。一般一天可喂饮1次。

牛奶粥

食 材

软饭 50 克，牛奶 100 ~ 150 毫升。

妈咪巧手做：

1. 把软饭放在碗中，加少许水，用汤匙磨搓成糊状。
2. 牛奶倒入小煲内，煮沸，放入软饭糊拌匀，煮成稀糊，盛入碗里，待温度适宜时给宝宝喂食。

宝贝营养指南：

米饭与牛奶同食，可提高蛋白质的营养价值及人体的吸收率。用此方法为宝宝煮粥，是准备断奶时的良好辅食，简单又省时。适宜给 5 个月的宝宝食用。

小贴士

要采用渐进式喂食，开始给予 1 ~ 2 小匙，待宝宝适应后，再慢慢增加分量。还可用淘洗浸泡后的大米煮成烂粥，再加入牛奶拌匀，研磨成糊状。

奶香土豆泥

食 材

土豆 120 克（约 1 个），婴儿牛奶 60 毫升。

妈咪巧手做：

1. 将土豆洗净，连皮放入锅中，加适量水，置火上，煮至熟软后取出去皮，切成小块。
2. 把切好的土豆块用汤匙或刀侧磨压成泥状。
3. 把土豆泥放入盘中，加入婴儿牛奶拌匀即可。

宝贝营养指南：

这款辅食适宜 6 个月的婴儿食用。土豆是富含多种维生素和微量元素的食物，十分适宜作为婴儿的膳食材料。其所含的纤维素可促进肠胃蠕动，有健脾胃和防治婴儿便秘的功效。也可用米汤和牛奶组合来拌制土豆泥，或用骨汤或鸡汤来代替牛奶。

小贴士

给婴儿吃的土豆最好选购小个的。出了芽的和变绿的土豆有毒，千万不可选用。

食 材

南瓜500克，牛奶200毫升。

南瓜牛奶泥

妈咪巧手做：

1. 把南瓜去皮、去子切成小块，上锅蒸熟。
2. 把煮熟的南瓜块搅拌成泥状，喜欢细腻口感的可以过一下筛。
3. 将南瓜泥倒入小锅中，兑上牛奶搅拌均匀，小火加热至沸腾就可以关火了。

宝贝营养指南：

南瓜含有丰富的碳水化合物，所以老南瓜吃起来又香又甜；其蛋白质和脂肪含量较低。南瓜的营养价值主要表现在它含有较丰富的维生素。

食 材

鸡蛋1个，婴儿牛奶30毫升。

奶香蛋黄泥

妈咪巧手做：

1. 将鸡蛋煮熟后捞起，浸泡在冷水中，待稍凉后剥去蛋壳，取蛋黄备用。
2. 用汤匙或研磨棒将蛋黄压磨成泥状，加入婴儿牛奶，拌匀即可。

宝贝营养指南：

也可以用浓米汤来和蛋黄调制。蛋黄中含有丰富的卵磷脂、钙、磷、铁及维生素A、维生素D、B族维生素等营养物质，同时含有较多的高生物价蛋白质，有助于健脑益智，宁心安神，增强宝宝的免疫力。在婴儿满4个月后就可以开始喂食蛋黄，但应从1/4个开始喂。在宝宝逐渐适应后，再慢慢增加蛋黄的分量。一般到宝宝7个月时，每天可添加1个蛋黄。

小贴士

正确的煮蛋方法是：鸡蛋洗净后冷水下锅，慢火升温，水沸腾后以小火煮2～3分钟，停火后再浸泡5分钟。然后取出待稍凉，去壳取出蛋黄为宝宝制作辅食。

米汤菠菜泥

食材

热米汤100毫升，鲜嫩菠菜60克。

妈咪巧手做：

1. 将菠菜择洗、焯水后沥干，再放入沸水中煮约1分钟，取出沥干水分。
2. 将菠菜剁成泥状，和热米汤一起放入果汁机中搅打均匀，倒入碗中即可。也可直接和米汤拌匀。

宝贝营养指南：

菠菜含有大量的植物粗纤维，具有促进肠道蠕动的作用，可帮助消化，利于宝宝排便。菠菜中含有丰富的胡萝卜素、维生素C、钙、磷及一定量的铁、维生素E等有益成分，能及时供给宝宝身体所需营养，维护正常视力和上皮细胞的健康，增强抗病的能力。

小贴士

菠菜是营养很丰富的蔬菜，不过菠菜含有较多的草酸，和钙结合可形成草酸钙，会影响人体对钙的吸收，所以做菠菜辅食之前将菠菜用水焯一下，这样可去除菠菜内大部分的草酸，而且这样菠菜的口感也会更好。

食 材

紫心红薯 100 克，婴儿牛奶 50 ~ 60 毫升。

红薯牛奶泥

妈咪巧手做：

1. 将红薯洗净，削去外皮，切成小块，放入锅内，加适量水，煮至熟透。
2. 把煮熟的红薯块捞出，用汤匙压成细泥状。
3. 把婴儿牛奶加入红薯泥中，搅拌均匀即成。

宝贝营养指南：

制作中，红薯亦可蒸熟。这款辅食适合 5 个月以上的宝宝食用，有利于改善便秘、湿热、黄疸等不良症状。红薯营养丰富，其中的粗纤维可促进肠胃蠕动，防治宝宝便秘和肠胃不适，加入牛奶，使营养更加均衡、全面。

小贴士

妈妈在挑选红薯的时候一定要注意，长有黑斑或发芽的红薯都不好，甚至有毒，千万不能选用。

食材

哈密瓜 200 克，婴儿牛奶 60 毫升。

哈密瓜奶

妈咪巧手做：

1. 将哈密瓜去皮、子后切成小块，用开水烫一下，放入果汁机中搅打榨取果汁。

2. 在榨好的哈密瓜汁内加入婴儿牛奶和少许温开水，混合搅匀即可。

宝贝营养指南：

这款辅食适合 6 个月以上的宝宝。哈密瓜对人体的造血功能有显著的促进作用，对防治小儿贫血有一定功效，可根据具体需求制作，作为营养补充品。也可以不用牛奶，只加入与果汁等量的温开水调匀即可。

小贴士　用不完剩下的水果、果泥一般不要再隔餐给宝宝食用，以免保存不当滋生细菌而引起宝宝的肠胃不适。

食材

胡萝卜 60 克，婴儿牛奶（或温开水）60 毫升，婴儿麦粉 1 匙。

胡萝卜麦粉糊

妈咪巧手做：

1. 将胡萝卜洗净后去皮，切成小块，放入小锅中加水煮熟后捞出，沥干水分，再研磨成泥状。

2. 使用婴儿麦粉罐中所附量匙，量取 1 匙婴儿麦粉，与婴儿牛奶一起拌匀，再加入胡萝卜泥，拌匀即可。

宝贝营养指南：

胡萝卜所含的胡萝卜素是身体正常生长发育的必需物质，有助于细胞增殖与生长，可补肝明目，对促进生长发育有重要意义，还有助于提高婴儿的抗病能力。胡萝卜和配方奶、麦粉搭配，增加了优质蛋白质的含量，提高了营养利用率。

这款辅食适宜 5 个月以上的宝宝食用。也可用煮胡萝卜的汤汁来调制麦糊。

食材

香蕉50克，奶酪15克，鸡蛋1个，婴儿牛奶30毫升，胡萝卜（去皮）15克。

果蔬蛋黄牛奶糊

妈咪巧手做：

1. 鸡蛋煮熟，用冷水浸一会儿，去壳，取出鸡蛋黄，压磨成泥状。
2. 香蕉去皮，取果肉用羹匙压磨成泥；胡萝卜用开水煮熟，研磨成胡萝卜泥。
3. 把鸡蛋黄泥、香蕉泥、胡萝卜泥混合奶酪拌匀，再加入婴儿牛奶调匀成糊即可。

宝贝营养指南：

婴儿习惯喝母乳，所以刚开始给婴儿添加辅食时，口味与母乳越接近越好。奶酪和婴儿配方牛奶都含有丰富的钙质和优质蛋白质，与富含碳水化合物、各类维生素、矿物质的香蕉及胡萝卜搭配，十分适宜6个月的宝宝全面补充营养。

小贴士

给婴儿进食半流质或软质食物的初期，不能操之过急，应由少量开始，如先给予1～2匙尝试，再逐渐增加分量。

食材

软饭50克，排骨汤（或鱼汤、蔬菜汤）适量，熟蛋黄半个。

骨汤蛋黄粥

妈咪巧手做：

1. 把刚煮好的热软饭搓成糊状。
2. 除去排骨汤面上的浮油，隔去渣（如用鱼汤要特别小心，以防有刺）。取净汤，放入小煲内，加入米饭糊拌匀，煮沸。
3. 改用慢火煮成烂软的稀糊状，下入搓成泥的熟蛋黄搅匀即可。

宝贝营养指南：

此粥富含优质蛋白质和卵磷脂，对婴儿的健康发育很有帮助。5～6个月大的婴儿，宜让他学习吞咽半流质或泥状的食物，知道奶以外的多种“味”，训练他接受各类食物的习惯。这时宝宝还不会吃得很多，故用此方法煮粥比较快捷方便。

不用汤的话，也可用婴儿牛奶或米汤来煮。

小贴士

必须煮成极烂的稀糊，才有利于婴儿消化。喂食时温度不可太高。

食材

苹果100克，婴儿牛奶60毫升，婴儿麦粉2匙。

苹果奶麦糊

妈咪巧手做：

1. 将苹果洗净，去皮、核后，用研磨器磨成泥，过滤出苹果汁备用。

2. 使用婴儿麦粉罐中所附量匙，量取2匙婴儿麦粉，和2匙苹果汁，与婴儿牛奶一同入碗，拌匀即可。

宝贝营养指南：

苹果富含多种可促进发育的营养物质，和牛奶、婴儿麦粉组合，更增加了优质蛋白质的含量，给5个月以上的宝宝适量添加食用非常适宜。但刚开始时不宜喂食太多，待宝宝渐渐成长及适应后，再考虑酌量增加喂食量。

吃母乳的婴儿相对更为习惯、喜欢母乳的味道，最初准备辅食时，食物最好做得尽量与母乳的口味接近。

小贴士

刚添食物的宝宝脾胃还不适应凉的东西。4个月以内的宝宝不可以喝鲜榨的纯果汁哦，一定要加水。两个月的宝宝是按1：4添水，满4个月可以喝原汁，也可以用1：1的比例给他兑水，免得太甜了。

食 材

香蕉300克，牛奶200克。

牛奶香蕉羹

妈咪巧手做：

1. 香蕉剥去外皮，顺长切成4段，再改切成丁。
2. 锅内加入清水300毫升烧开，加入牛奶。
3. 下入香蕉丁调匀，烧开，用湿淀粉勾芡，烧开后出锅装碗即成。

宝贝营养指南：

这款辅食色泽淡雅，果丁软嫩，奶香浓郁，甜香适口。香蕉味甘、性凉，含果糖、葡萄糖、蛋白质、矿物质、维生素等营养成分，具有益胃生津，养阴润燥等功能。

不要用铁锅制作，以免有异味。香蕉性凉，小宝宝不宜多吃。

食 材

土豆150克，熟鸡蛋1个，清高汤少许。

蛋黄高汤土豆泥

妈咪巧手做：

1. 将土豆去皮洗净，切成片，入锅加水煮至熟软，捞出。亦可将土豆蒸熟。
2. 趁热将土豆片捣磨成土豆泥；鸡蛋取蛋黄，也研磨成泥。
3. 将土豆泥和蛋黄泥混合装盘，调入一点儿烧热的清高汤，拌匀即成。

宝贝营养指南：

土豆是低热量、多维生素和微量元素的食物，对消化不良、习惯性便秘、神疲乏力等有良好疗效；鸡蛋黄也是宝宝辅食必不可少的材料，对大脑的发育非常有益。

从宝宝6个月龄起，为其添加更为营养全面、品种丰富、易消化的辅食其实就是在为断奶做准备了，此时也可视作断奶初期。但辅食的添加要循序渐进，都由少量开始，让宝宝慢慢适应各种食物。

食 材

优质葡萄30克，稀米糊50克。

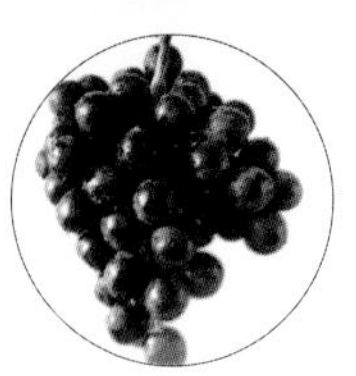

香甜葡萄米糊

妈咪巧手做：

1. 将葡萄洗净，装碗，加入没过葡萄的开水，浸泡2分钟后沥干水分，去净果皮和籽，备用。
2. 用研磨器或小勺将葡萄肉压磨成泥，加入稀米糊拌匀即可。

宝贝营养指南：

开始可过滤挤出葡萄汁拌制米糊，等宝宝适应后，可不需过滤，把葡萄泥、葡萄汁和米糊直接拌匀喂食，并视需要增加分量。还可用浓米汤或研磨过的稀粥来做。

葡萄所含的糖主要是葡萄糖，能很快被人体吸收，对宝宝的发育十分有益，和米糊搭配，更提高了这款辅食的营养价值。

食材

软饭4汤匙，煲黏的黄豆1汤匙，黄豆排骨汤适量（除去汤面的油）。

黄豆蓉粥

妈咪巧手做：

1. 煮饭时，在煲内放米及水，用汤匙在中心挖一洞，使中心的米多接触水，煮成饭后，中心的米便成软饭。

2. 把4汤匙（或视婴儿食量而定）软饭搓烂（饭的分量应配合黄豆的分量，黄豆不宜过多）。

3. 黄豆放在筛内，用汤匙搓成蓉。筛放在小煲上，倒下约2/3杯黄豆汤，将豆蓉冲入煲内，在筛内的豆壳则丢弃不要。

4. 将烂饭也放入煲内搅匀煲沸，用慢火煲成稀糊，放入极少的盐调味。待温度适合时，便可喂婴儿。

宝贝营养指南：

黄豆有“植物肉”的美称，而且蛋白质含量高，能提供小孩发育所需的蛋白质。

食 材

新鲜红薯200克，粳米100克。

红薯粥

妈咪巧手做：

1. 将新鲜红薯洗净，连皮切成小块。
2. 粳米淘洗干净，用冷水浸泡半小时，捞出沥水。
3. 将红薯块和粳米一同放入锅内，加入约1000毫升冷水，煮至粥稠，再煮沸即可。吃的时候再用勺子把红薯碾烂喂给宝宝吃。

宝贝营养指南：

红薯的营养非常丰富，可以增强宝宝的免疫力。红薯粥清清甜甜的，宝宝爱喝。

小贴士

挑选红薯时，以红心、无霉烂斑点的为佳。因为红薯本身有一定的甜度，所以粥里就不需要再额外添加糖了。宝宝吃糖太多，会影响对微量元素的吸收，还是尽量给宝宝品尝食物最自然的味道才好。

食材

哈密瓜1小片，猕猴桃半个，香蕉1根，大米适量。

水果粥

妈咪巧手做：

1. 把哈密瓜、猕猴桃、香蕉切成碎粒。
2. 把大米下锅慢慢熬成粥。
3. 把哈密瓜、猕猴桃、香蕉粒倒入粥内，搅匀，煮沸即可。

宝贝营养指南：

哈密瓜是“瓜中之王”，有除烦热、生津止渴的作用。猕猴桃除了含有丰富的维生素C、维生素A、维生素E以及钾、镁、纤维素之外，还含有其他水果比较少见的营养成分——叶酸、胡萝卜素、钙、黄体素、氨基酸、天然肌醇，可强化免疫系统，增强对铁质的吸收。香蕉含多种维生素，可以使皮肤柔嫩光泽、眼睛明亮。此粥营养丰富、酸甜可口，宝宝爱喝。

食 材

牛奶1瓶，小米300克，枸杞子适量。

牛奶小米粥

妈咪巧手做：

1. 小米泡半小时。
2. 水煮开后，加入小米。
3. 大火煮开后，加入枸杞子，转小火熬煮，大约25分钟。
4. 熄火，最好过滤掉小米粒，加入牛奶混合即可。

宝贝营养指南：

米汤含丰富的碳水化合物，可提供充足的水分及热量，容易被肠胃消化，而且米汤的碳水化合物可使牛奶的酪蛋白变成易于消化及吸收的分子。

食 材

大米300克，大白菜30克。

白菜米粥

妈咪巧手做：

1. 将大白菜洗净，放入开水锅内煮软，切碎备用。
2. 将大米洗净，用水泡1~3小时，放入锅内，煮30~40分钟，加入切碎的大白菜，再煮10分钟即成。

宝贝营养指南：

此粥黏稠适口，含有婴儿发育所需的蛋白质、碳水化合物、钙、磷、铁和维生素C、E等多种营养素。大白菜也可以用生菜、青菜等代替。

食 材

苹果1个，牛奶1瓶，大米适量。

苹果牛奶粥

妈咪巧手做：

1. 先煮好一锅白粥。
2. 将苹果去皮、去籽，切成1厘米见方的小丁。
3. 在粥内加入适当的牛奶，将粥煮开。
4. 将苹果丁放入粥内，稍煮片刻后盛起。

宝贝营养指南：

牛奶营养成分高，含钙、磷、铁、锌等多种矿物质。苹果酸甜可口，营养丰富，含丰富的蛋白质、钙、钾及碳水化合物。苹果有生津、润肺；除烦解暑、开胃、止泻的功效。宝宝多吃苹果，不容易感冒。

食 材

红枣100克，白砂糖20克，大米少许。

红枣泥

妈咪巧手做：

1. 将红枣洗净，放入锅内，加入清水煮15~20分钟，至烂熟。
2. 去掉红枣皮、核，捣成泥状，加水少许再煮片刻，加入白砂糖调匀，即可喂食。

宝贝营养指南：

红枣泥含有丰富的钙、磷、铁，还含有蛋白质、脂肪、碳水化合物及多种维生素，具有健脾胃、补气血的功效，对婴儿缺铁性贫血、脾虚消化不良有较好的防治作用。这款辅食软黏香甜，宝宝很爱吃。

小贴士

一定要把红枣煮烂，去净皮、核。

蛋麦糊

食材

燕麦片60克，鸡蛋1个，牛奶25克。

妈咪巧手做：

1. 将牛奶倒入锅内，倒入适量凉开水，搅拌均匀，再加入鸡蛋搅匀，备用。
2. 锅内倒入适量水烧沸，放入燕麦片及蛋乳液搅匀，煮沸3分钟，成糊即可食用。

宝贝营养指南：

燕麦在谷类作物中占较高地位，它几乎没有其他粮谷类的主要缺点，堪称营养完全的谷物。燕麦含有蛋白质、碳水化合物、维生素A、B族维生素、维生素E、钾、铁、锌、硒等营养物质，能促进宝宝生长发育，有利于预防夜盲症、口角炎、贫血。

食 材

鲜豌豆（带豆荚）100克，鸡蛋1个，大米25克。

蛋黄豌豆糊

妈咪巧手做：

1. 鲜豌豆去掉豆荚，取豌豆仁用开水烫洗一下，放进搅拌机中（或用刀剁），搅成豆蓉。
2. 将鸡蛋煮熟捞起，放入凉开水中浸一下，去壳，取出蛋黄，压磨成蛋黄泥。
3. 大米洗净，在适量水中浸泡2小时后，倒入粥锅中，加入豌豆蓉，置小火上煮约1小时至半糊状，以米、豆煮烂成泥状为佳，拌入蛋黄泥，再煮3分钟即成。

宝贝营养指南：

此糊含有丰富的钙质和碳水化合物、维生素A、卵磷脂等营养素，有健脑益智、促进发育的作用。6个月的婴儿有的已开始出乳牙，骨骼也在发育，这时必须供给充足的钙质及保证全面营养，此糊即为宝宝辅食的一个理想选择。

小贴士

宝宝满6个月时是喂食及学习咀嚼的敏感期，配餐辅食安排可提供多种口味食物让宝宝尝试，并逐步开始把多种食物进行不同搭配组合。

食 材

胡萝卜1根，水适量。

胡萝卜汁

妈咪巧手做：

1. 将新鲜胡萝卜洗净，削皮，先切成细条，再切成小粒。
2. 将切好的胡萝卜粒放入锅内，加水煮沸，用纱布过滤取水即可。

宝贝营养指南：

胡萝卜汁含有丰富的β-胡萝卜素，它能提高人的食欲，同时能提高宝宝对病菌感染的抵抗力。

食 材

大米50克，水适量。

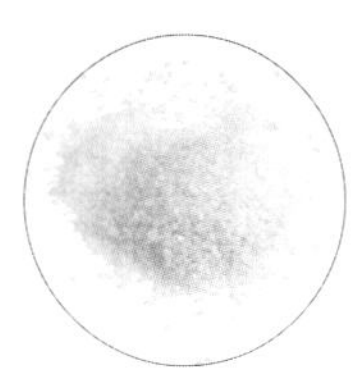

浓香米汤

妈咪巧手做：

1. 将大米放入电饭锅熬成稀饭。
2. 过滤，和米分离开来的就是米汤。
3. 米汤再熬一下，要熬得浓稠些，喝起来有种自然的甘甜味。

宝贝营养指南：

米汤性平味甘，能滋阴长力，消食养胃，有很好的补养作用。因其富含维生素B_1、维生素B_{12}等，还适合作为婴儿的辅食。

食 材

苹果1个。

苹果泥

妈咪巧手做：

1. 将苹果洗净，去皮，然后用刮子或匙慢慢刮起果肉，成泥状。
2. 或者将苹果洗净，去皮，切成黄豆大小的碎丁，加入凉开水适量，上笼蒸20~30分钟，待稍凉后即可喂给宝宝。

宝贝营养指南：

苹果酸甜适口，香甜多汁，营养丰富。它所含的营养既全面又易被人体消化吸收，所以，非常适合婴幼儿食用。

食 材

玉米粒30克，绿豆100克，葡萄干20克，椰汁100毫升，牛奶50毫升，白砂糖少许。

绿豆椰奶

妈咪巧手做：

1. 绿豆洗净后，入锅加适量水用大火煮开，转小火煮至绿豆熟软。
2. 放入玉米粒、葡萄干续煮5分钟，再加入白砂糖、椰汁、牛奶，稍煮片刻即可。

宝贝营养指南：

绿豆味甘性凉，有清热去火的功效，椰奶营养很丰富，有很好的清凉消暑、生津止渴的功效。椰奶对宝宝还有强心、利尿、驱虫、止呕止泻的功效。

苹果香蕉奶

食材

婴儿牛奶150毫升，香蕉60克，苹果60克。

妈咪巧手做：

1. 将香蕉、苹果都去皮，切成小块。
2. 将切好的香蕉、苹果一起放入搅拌机内搅拌至呈黏糊状时，立即加入热的婴儿牛奶，再次搅匀。
3. 将拌好的果奶倒入盛器中，待温度适宜时即可喂给宝宝吃。

宝贝营养指南：

吃香蕉和苹果可解除忧郁，消除不良情绪，提神醒脑，能帮助宝宝保持愉快的心情。两者都含有大量营养成分，可充饥、补充能量，还能保护胃黏膜，润肠通便。另外，吃苹果可改善呼吸系统和肺的功能，对宝宝生长发育十分有益。

PART 3

断奶中期：7~9 个月婴儿断奶营养餐

断奶中期辅食的添加和喂养

■宝宝7个月了

7个月的宝宝每天的喝奶量可控制在500～600毫升，分3～4次喂食，需进一步给宝宝添加辅食。辅食的品种要多样化，注意荤素搭配，以增加食物的口味，避免宝宝养成偏食的习惯。这个时期婴儿牙齿萌出，咀嚼食物的能力逐渐增强，在辅食中可加入少许蔬菜末、肉末等，并且辅食添加量可逐渐增加。增加半固体食物，如米粥、面条，一天只加1次，最好制作成豆腐粥、鸡蛋粥、鱼粥、肉末粥、肝末粥等，还可将香蕉、水蜜桃、草莓、葡萄等水果压碎磨成泥，把苹果、梨用小勺刮碎给宝宝吃。还可继续给宝宝吃一点碎饼干、馒头、面包等食物，以锻炼他的咀嚼能力。

■宝宝8个月了

宝宝8个月时，母乳分泌量开始减少，质量也逐渐下降，这时可以做好断奶的准备。从这个月开始，已不能再把母乳或牛奶当作宝宝的主食，一定要增加代乳食品，但每天总奶量仍要保持在500～600毫升。每天给宝宝添加辅食的次数可以增加到3次，喂食的时间可以安排在10时、14时和18时。这时的母乳喂养的次数要减少到2～3次，喂养的时间可以安排在早上起床时、中午和晚上临睡时。此时的宝宝正处于长身体时期，消化道内的消化酶已经可以消化蛋白质，需要各类营养供给充足，可给宝宝添加的辅食品种更为丰富，如奶制品、豆制品、鱼肉、肉末、动物肝、动物血、鸡蛋、碎菜、烂面条、稠粥和软烂的米饭等都是很好的选择。注意给宝宝的蔬菜品种应多样，可选番茄、卷心菜、小白菜、胡萝卜、洋葱、菠菜等。

■宝宝9个月了

宝宝9个月后，一般已长出3～4颗乳牙，有一定的咀嚼能力，消化能力也比以前增强。这时除了早、晚各喂一次母乳外，白天可逐渐停止喂母乳，每天安排早、中、晚三餐辅食。此时的宝宝已经逐渐进入断奶后期，可适当添加一些相对较硬的食物，如碎菜叶、面条、软饭、瘦肉末等，也可在稀饭中加入肉末、鱼肉、碎菜、土豆、胡萝卜、蛋类等，用量可比上个月有所增加。还可增加点心，如在早、午饭之间增加点饼干、馒头片、面包等固体食物，补充些水果类食物。在加工食物时一定要把食物较粗的根、茎去掉，在添加辅食的过程中要注意蛋白质、淀粉、维生素、油脂等营养物质的平衡，蔬菜品种需多样，对经常便秘的宝宝可以选择菠菜、胡萝卜、红薯、土豆等含纤维素较多的食物。过了 9 个月，宝宝在吃鸡蛋时不再局限于只吃蛋黄，可开始尝试喂整个鸡蛋。

7 月龄时，可让宝宝试着自己拿着东西吃，也可以让他学习用小勺吃东西，不要因为宝宝常把食物弄得到处都是而坚持喂他，因为每个宝宝都有一个适应过程，只要他不只是拿着勺子玩，还努力地把东西往嘴里送，就多鼓励他，不要轻易拿走他手中的勺子。

■多锻炼宝宝的咀嚼能力

宝宝 7 个月后，可给其提供一些细小的块状食物，以强化咀嚼能力。食物的营养及口味应多样化，避免宝宝日后出现挑食的习惯。这个时期宝宝的牙齿已陆续萌出，可给一些酥软的手指状食物，锻炼宝宝的咀嚼感和抓握能力，训练他咬食的动作，促进长牙。

婴儿膳食安排注意要点

■不要勉强喂食

如果宝宝不太想吃辅食，切不可勉强他吃，可能过两天他会喜欢你做的其他新的食物。过度勉强喂食，会让宝宝产生逆反心理，不利于辅食的添加。

■宝宝的餐具要专用

给宝宝制作辅食的工具和喂辅食的餐具一定要专用，每次用完要认真清洗干净，并且做到每天定时消毒。在喂宝宝时，不要边喂边在嘴边吹，更不可先在自己嘴里咀嚼后再喂吐给宝宝，这样做极不卫生。

■开始让宝宝养成良好的饮食习惯

最好每天能在固定的时间、固定的地方和位置给宝宝喂辅食，提供良好的进食环境，这是培养宝宝良好饮食习惯的开始。在

■让宝宝尝试各种各样的辅食

宝宝到了六七个月时，可以开始添加肉类。适宜先喂容易消化吸收的鱼肉、鸡肉，随着宝宝胃肠消化能力的增强，逐渐添加猪肉、牛肉、动物肝等辅食。通过尝试多种不同的辅食，可以使宝宝体味到各种食物的味道，但一天之内添加的两次辅食不宜相同，最好吃混合性食物，如把青菜和肉混合做在一起。

■妈妈要对宝宝有耐心

当宝宝对添加的食物做出古怪的表情时，妈妈一定要有耐心，不可不耐烦或放弃，应循循善诱，让宝宝慢慢接受，还要让宝宝尽量接触多种口味的食物，这样才更有利于宝宝接受新的食物。

■怎样开始喂固体食物

要从最不容易过敏、味道浓度都最接近母乳的固体食物开始喂，比如压成泥状的香蕉。可先用手指蘸一点香蕉泥放在宝宝嘴边，让他像原来一样吸吮手指。等宝宝熟悉食物的味道之后，再慢慢增加食物的分量和浓度。可以直接放一团食物在宝宝舌头中间，并注意宝宝的反应。如果他高兴地吃下去，那就说明他已经准备好并愿意吃固体食物了。

■不要过多喂食鸡蛋

吃鸡蛋（蛋黄）过多，会增加宝宝肠胃的负担，可能引起消化不良，比如呕吐、腹泻等。专家建议，婴儿吃鸡蛋最好每天不超过1个，10月龄前一般只吃蛋黄，最好是蒸食或煮食。

尽量不要煎炸，更不能吃生鸡蛋。

■给宝宝喂食的面条不宜过长

给宝宝做的面条要便于咬断和吞食，面条不宜长，否则可能因为面条太长而引起宝宝恶心、呕吐，最好在煮之前就把面条先剪成小段。也可选购专门的婴儿碎面。

■多给宝宝吃新鲜的蔬菜和水果

宝宝满 7 个月后，应该想办法让他多摄入一些新鲜的蔬菜和水果，以补充所需的维生素，特别是叶酸，以防止因叶酸缺乏而造成营养不良性贫血。

■不要让宝宝吃糖过多

吃糖太多，会影响宝宝对锌的吸收、引起消化吸收功能紊乱，造成营养吸收不佳，可能导致宝宝食欲不振、抵抗力下降。另外，在冲调婴儿奶粉时，应严格按说明来调配水和奶粉的比例，不可浓度过高，也不宜再加糖。

7~9 月龄辅食摄入量参考

母乳或婴儿配方奶粉喂养，每天共需 800 毫升奶量。

每日辅食：1 份饭（谷类 + 动物性食物 + 蔬菜）+1 份小点心（水果或面包片、饼干）

每餐：60 克稠粥（或软饭，或 40 克米粉和烂面条）+ 30 克肉（鱼肉泥、猪肉泥、肝泥等）+ 60 克菜或 1/2~1 个蛋黄（或蒸蛋羹）。即 2 勺软饭 +1/2~1 勺肉 +1 个蛋黄或 2 勺菜。

辅食种类如下：

谷类食物，如米糊、麦糊、稠米粥、烂饭、面包、馒头等。

蔬菜水果类食物做成蔬菜泥、碎菜、水果泥等。蔬菜可选胡萝卜、油菜、小白菜、菠菜、番茄、土豆、南瓜等；新鲜水果可选苹果、香蕉、梨、西瓜等。

豆类奶类食物，大豆制品如大豆蛋白粉、豆腐花、嫩豆腐等，还可增加较大婴儿配方奶粉或全脂牛奶。

动物性食物，如蛋黄、无刺鱼肉、动物血、动物肝泥、瘦肉末、鸡肉末。动物肝、动物血一般每周添加 1 次。

另外，还需要在医生指导下喂服鱼肝油。

鸡汤鱼糊

食材

鳜鱼肉100克，番茄80克，鸡汤、食盐各少许。

妈咪巧手做：

1. 将去净骨刺的鳜鱼肉煮熟，捞出后再除一次鱼刺，然后把鱼肉捣碎。
2. 番茄洗净，用开水烫一下，剥去皮，切成碎末。
3. 将鸡汤撇去浮油，倒入锅里，加入鳜鱼肉末煮片刻，再加入番茄末、食盐，用小火煮成糊状后起锅，放温后即可喂食宝宝。

宝贝营养指南：

鳜鱼肉刺少且细嫩丰满，极易消化，含有蛋白质及丰富的钙、磷、钾、镁、硒等营养元素，对于消化功能尚不完善的婴幼儿来说，适量喂食鳜鱼肉既有利于营养补充，又不必担心消化问题。

小贴士

婴儿吃盐不宜过早，一般8个月前的婴儿应尽量避免吃盐，8～9个月时才开始尝试在辅食中加一点点食盐，但要严格控制，每天最多不超过1克。

食材

土豆 100 克，胡萝卜 50 克，大骨清汤适量。

土豆胡萝卜泥大骨汤

妈咪巧手做：

1. 将土豆、胡萝卜分别去皮洗净，切成小块；大骨清汤撇去表面的浮油。
2. 将胡萝卜块、土豆块一起入锅，加入大骨清汤，以小火煮至熟软，捞出后一同碾压成泥。
3. 把胡萝卜土豆泥重新放入汤中，搅匀，再稍煮即成。宝宝 9 个月时，可以加入一点点食盐调味。

宝贝营养指南：

这个时期的宝宝可以利用舌头把食物运到左右的牙龈上练习咬碎食物，因此食物的软硬度可以掌握在香蕉的软硬左右。给宝宝吃块状的食物时，也可切得比之前稍微大一点点了，但辅食总体上还是应做得细、软和清淡，必须要保证热量的供应和整体食物营养的均衡。

食 材

猪肝、大米、盐、油、淀粉适量。

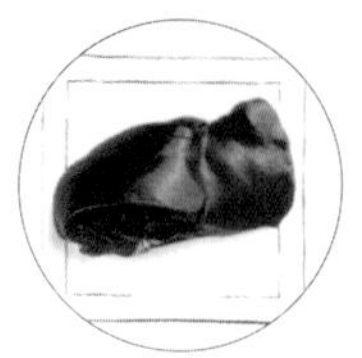

猪肝粥

妈咪巧手做：

1. 水烧开加入大米，小火慢慢煮至软烂。

2. 把猪肝切成小片，放点盐、油、淀粉稍微腌一下。

3. 等粥煮得有点黏稠的时候加入猪肝，用筷子搅散，再煮几分钟即可。

宝贝营养指南：

猪肝中铁质丰富，是补血食品中最常用的食物，食用猪肝可调节和改善贫血。猪肝中含有丰富的维生素 A，具有维持正常生长和生殖功能的作用，能保护眼睛，维持正常视力。还含维生素 C 和微量元素硒，能增强人体的免疫力。

食 材

胡萝卜 60 克，番茄 100 克，清高汤适量，食盐少许。

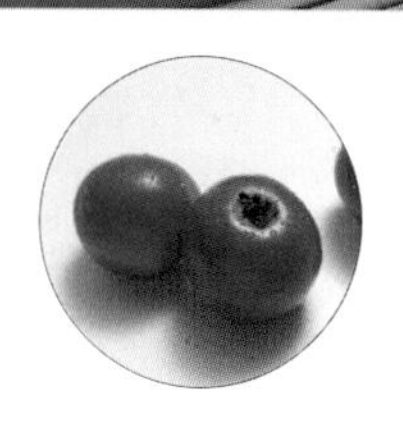

胡萝卜番茄汤

妈咪巧手做：

1. 将胡萝卜洗净，去皮，剁成泥状；番茄用开水汆烫后去皮，切成小块，放入碗中研磨成泥。

2. 锅中倒入撇去浮油的清高汤，放入胡萝卜泥，用大火煮开，加入番茄泥，以小火续煮至熟透，调入一点点食盐即可。

宝贝营养指南：

用各类蔬菜煮菜汤或菜水，要即煮即用，因为放置时间长了其中的维生素会逐渐损失。给 8 月龄以下的婴儿做时不要放食盐。

食 材

面粉 40 克，鸡蛋 1 个，虾仁 15 克，净菠菜 20 克，高汤 200 毫升，香油、食盐各少许。

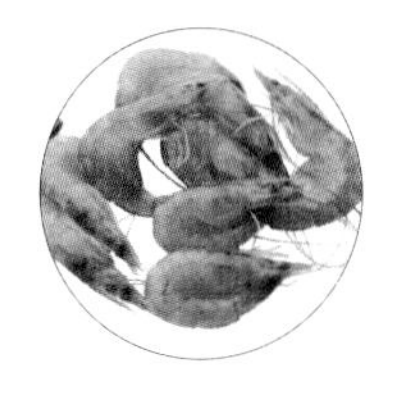

什锦珍珠汤

妈咪巧手做：

1. 取鸡蛋清与面粉混合，加少许水和成面团，揉匀，擀成薄皮，切成黄豆大小的丁，搓成小珍珠面球（面疙瘩一定要小，以利于消化吸收）。
2. 虾仁洗净，切成小丁；菠菜用开水烫一下，切成末。
3. 将高汤倒入小锅内，下入虾仁丁，烧开后下入面疙瘩，调入食盐煮熟，再淋入搅匀的鸡蛋黄，加入菠菜末、香油，稍煮即可盛入小碗。

宝贝营养指南：

虾仁含有丰富的蛋白质、钙，有健脑、养胃、润肠的功效，婴幼儿可适量食用。此汤富含蛋白质、各种矿物质及维生素，给婴儿适量常食，能促进生长发育，预防贫血。此汤适宜 8 个月以上的宝宝食用，但要和喂食葡萄、橘子等水果间隔 2 小时以上。

食 材

梨半个，婴儿麦粉 1 匙，婴儿牛奶 60 毫升，熟鸡蛋黄 2 个。

梨香牛奶蛋黄羹

妈咪巧手做：

1. 将梨洗净，去皮、籽，刮出果肉研磨成泥状。
2. 将婴儿麦粉、婴儿牛奶混合搅拌均匀，再加入熟鸡蛋黄、梨泥拌匀，用中火蒸 8 ~ 10 分钟即可。

宝贝营养指南：

梨细嫩汁多、甘甜可口，含有大量植物纤维、果胶和多种维生素，适当食用能迅速增强健康活力，提高宝宝的食欲，帮助消化，降火解热。也可用苹果、哈密瓜或香蕉来做。各种水果去皮后最好先用开水烫一下，以起到消毒的作用。

小贴士

9 个月的婴儿，在膳食中选用水果的种类可以更为丰富，如苹果、水蜜桃、葡萄、樱桃、哈密瓜、木瓜、香蕉、火龙果等都可以交替使用，以增加口味的变化和保证营养全面。

冰糖水果藕粉羹

食材

鲜菠萝果肉150克，樱桃30克，冰糖30克，藕粉20克，食盐少许。

妈咪巧手做：

1. 把菠萝果肉用淡盐水浸泡一会儿，用清水洗净，切成碎丁；樱桃择去柄，洗净去核，切成碎末；藕粉用少许清水稀释并调匀待用。
2. 将菠萝碎丁放入锅内，加入冰糖和适量清水置火上烧开，然后放入樱桃末，用小火煨2分钟，并倒入调好的藕粉，边倒边搅匀，再次开锅时离火即成。

宝贝营养指南：

樱桃的含铁量很高，既有益于宝宝防治缺铁性贫血，又有助于大脑的发育和增强体质；菠萝香甜汁多，有健胃消食、清胃解渴、补脾止泻的作用；藕粉老少皆宜，能益胃健脾，补益养血，调理小儿食欲不振。

樱桃性温热，宝宝患热性病及虚热咳嗽时要忌食。另外，皮肤有过敏症状的宝宝要慎食菠萝，最好暂时不要在膳食中添加。

食 材

香蕉 50 克，奶酪 15 克，鸡蛋 1 个，婴儿牛奶 30 毫升，去皮胡萝卜 15 克。

香蕉奶酪糊

妈咪巧手做：

1. 鸡蛋煮熟，用冷水浸泡一会儿，去壳，取出鸡蛋黄，压磨成泥状。
2. 香蕉去皮，取果肉用羹匙压磨成泥；胡萝卜用开水煮熟，研磨成胡萝卜泥。
3. 把鸡蛋黄泥、香蕉泥、胡萝卜泥混合奶酪拌匀，再加上婴儿牛奶调匀成糊即可。

宝贝营养指南：

婴儿习惯喝母乳，所以刚开始给婴儿添加辅食时，口味与母乳越接近越好。奶酪和婴儿配方牛奶都含有丰富的钙质和优质蛋白质，与富含淀粉、糖分、各类维生素、矿物质的香蕉及胡萝卜搭配，十分适宜婴儿全面补充营养，适宜 6 个月大的婴儿。

给婴儿喂食半流质或软质的食物，不能操之过急，应由少量开始，如先给予 1 ~ 2 匙尝试，再逐渐增加分量。

食 材

新鲜净鱼肉 60 克，热米汤 30 毫升（2 大匙）。

米汤鱼泥

妈咪巧手做：

1. 将收拾干净的鱼放入开水中，煮至熟透后剥去鱼皮，除净鱼骨刺，取约 60 克鱼肉研磨碎，然后用干净的纱布包起来，挤去水分。

2. 将鱼肉放入小锅内，加入热米汤调匀，用小火煮至鱼肉软烂如泥时即可。

宝贝营养指南：

鱼泥富含蛋白质、不饱和脂肪酸及维生素、矿物质，而且细嫩易于消化，能促进发育，提高免疫力。6 ~ 7 个月的宝宝即可酌量添加喂食，给满 8 个月的宝宝做时可酌情加一点食盐或儿童酱油调味。没有米汤时可加开水或煮鱼的汤来煮鱼泥。也可把鱼泥加入米粥中一起喂给宝宝，每间隔 3 ~ 4 天喂一次。可选黄鱼、鳕鱼或鳜鱼等，这些都是刺少、易消化且营养极为丰富的鱼种。

食 材

胡萝卜 60 克，苹果 100 克，米汤适量，牛奶、白砂糖各少许。

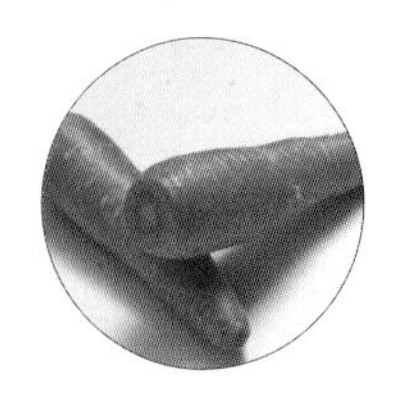

奶香胡萝卜苹果泥米汤

妈咪巧手做：

1. 将胡萝卜去皮、洗净，切成碎粒；苹果去皮，切成碎粒。

2. 将胡萝卜粒用少许开水煮透，研磨均匀，再放入锅中，加入米汤用微火煮。

3. 加入苹果粒煮透，再加入牛奶、白砂糖拌匀，稍煮即可。

宝贝营养指南：

此款辅食各类营养全面，可作为点心为宝宝添加。宝宝学会了用舌头碾碎食物，就会逐渐学会吞咽，但辅食中的水分少了就会让宝宝吞咽困难，所以要注意适当烹制适合宝宝口味的羹、汤。

食 材

鲜鱼肉（鲑鱼、鳕鱼、黄骨鱼、黄鱼或草鱼）50克，鸡蛋1个，植物油、食盐各少许。

鲜鱼蒸蛋羹

妈咪巧手做：

1. 新鲜鱼肉洗净，仔细检查无碎骨之后切成小丁，用开水汆一下后沥干。

2. 鸡蛋打入碗中，搅散，加少许水搅匀，再放食盐、植物油搅匀，将鱼肉丁放入蛋液中。

3. 把调好的鱼丁鸡蛋放入蒸锅，蒸至嫩熟，出锅待稍凉给宝宝吃。

宝贝营养指南：

鱼肉含有丰富的营养成分，细嫩而不腻，开胃滋补，对身体瘦弱、食欲不佳的孩子十分适宜。鲑鱼、鳕鱼、鳜鱼、黄鱼、草鱼都很适宜用来制作宝宝的辅食。鲑鱼有助于增强大脑功能，保护视力，促进生长发育；草鱼、鳜鱼则含有丰富的不饱和脂肪酸，滋补强体；黄骨鱼营养全面，有安神益气、健脾开胃的作用。

食 材

番茄60克，面包片1～2片，鸡骨高汤150毫升。

鸡汤面包泥

妈咪巧手做：

1. 将番茄洗净，去皮后切成丁；面包片切成丁。

2. 将鸡骨高汤入锅置火上加热，放入番茄丁煮1分钟，再加入面包丁，煮至软烂入味即可。

宝贝营养指南：

番茄含有丰富的维生素C、B族维生素和维生素P，对宝宝的健康发育很有帮助。面包含有蛋白质、脂肪、碳水化合物、少量维生素及钙、钾、镁、锌等矿物质，和番茄、高汤搭配，易于消化，有助于新陈代谢和身体健康，十分适合7～9个月的宝宝。

小贴士

7个月的婴儿牙齿萌出，咀嚼能力逐渐加强，可以在辅食中逐量添加一些碎菜、肉末、鱼末等，以帮助其锻炼咀嚼能力并满足营养的需要。

香浓米汤小白菜泥

食材

鲜嫩小白菜60克，浓米汤30毫升。

妈咪巧手做：

1. 小白菜择洗干净，切成碎末。
2. 将小白菜末装盘，放入蒸锅中蒸熟（也可加少许水煮熟），取出后研磨成泥状。
3. 将浓米汤加入小白菜泥中，拌匀即可。

宝贝营养指南：

小白菜中的钙、磷等矿物质和维生素A、叶酸、维生素K的含量丰富，对保证婴儿骨骼、牙齿、眼睛的健康发育，促进正常红细胞生成及防止婴儿出血性疾病都很有帮助。也可用撇了油的清高汤来拌制。

小贴士

根据月龄不同，妈妈可把单独的菜泥（可与菜汁同拌匀）或两种及多种蔬菜混合制作的菜泥给宝宝吃，但开始时应少量，然后循序渐进地增加分量、品种。

米汤豆腐泥

食材

嫩豆腐100克，米汤适量。

妈咪巧手做：

1. 将嫩豆腐切成块，放入小锅中，加入可盖过豆腐的水，煮熟后捞起，沥干水分。

2. 将豆腐块放入碗中，用汤匙压成泥状，再加入适量米汤，拌匀即成。可在喂宝宝时调入少许白砂糖或食盐。

宝贝营养指南：

豆腐的蛋白质含量丰富且优质，不仅含有人体必需的8种氨基酸，而且比例也接近人体需要，十分适宜发育中的婴儿，其所含的丰富的大豆卵磷脂还有益于神经、血管、大脑的发育生长。这款辅食适合7个月以上的婴儿。也可以用鸡汤、排骨汤或鱼汤来煮豆腐。

米汤的分量可随着宝宝月龄的增加渐渐减少，让豆腐泥的浓度慢慢增加。小儿消化不良时则不宜多食添加了豆腐的辅食。

食材

生鸡蛋黄2个，嫩菠菜15克，胡萝卜丁10克，高汤少许。

双蔬蒸蛋

妈咪巧手做：

1. 将鸡蛋黄打散，与高汤混合，调匀，放入蒸笼中，用中火蒸3分钟。
2. 嫩菠菜和胡萝卜丁分别下入沸水锅中焯透，剁制或研磨成碎末，置于蛋黄上，继续蒸至蛋黄嫩熟即可。

宝贝营养指南：

以蛋黄和新鲜蔬菜组合，对7个月以上的宝宝很适宜。妈妈可以不时调换蔬菜的搭配以丰富宝宝的口味。蛋黄中含有丰富的钙、锌、磷、铁等矿物质和高生物价蛋白质及B族维生素，所含的卵磷脂对神经系统和身体发育有很大帮助。胡萝卜中丰富的胡萝卜素能益肝明目，是骨骼正常生长发育的必需物质。菠菜中含各种维生素较多，有助于营养的均衡摄取。

食材

小土鸡蛋2个，7倍水的粥100克。

双黄香浓米糊

妈咪巧手做：

1. 将小土鸡蛋煮熟，去壳取鸡蛋黄。
2. 将7倍水的粥入小锅煮开，研磨成稀米糊状，加入鸡蛋黄即可喂食。还可把粥倒入搅拌器中搅打成米糊。

宝贝营养指南：

这款辅食也可用婴儿米粉来调制米糊，用开水、清米汤或牛奶调制均可。宝宝月龄增大至9个月时，根据情况每天的蛋黄分量可加大至1～2个。

食 材

土豆150克，胡萝卜、香蕉各60克，木瓜、苹果、梨各30克，牛奶1大匙。

奶香什锦果蔬土豆泥

妈咪巧手做：

1. 将土豆、胡萝卜去皮，洗净，切成薄片，分别入锅加适量水用小火煮至软烂。
2. 把土豆片沥净水，压磨成泥，加入牛奶拌匀。
3. 将胡萝卜片、香蕉、木瓜分别压磨成泥状，苹果、梨用小匙刮出果蓉，然后分别和土豆泥混合搅匀同吃。也可以把几种原料一同混合拌匀。制作时还可根据宝宝的口味喜好灵活组合食材。

宝贝营养指南：

婴儿期的宝宝易发生缺乏维生素的营养缺乏症，给8个月以上的宝宝经常喂一些混合果蔬泥，可以补充维生素，防治一些营养缺乏病。煮胡萝卜的水可以给婴儿当蔬菜水喝，而煮土豆的水则可以用来调制果糊。

食 材

嫩豆腐半块，精细猪肉末15克，绿色蔬菜末（小白菜、小油菜、圆白菜、苋菜等）15克，鸡蛋液（半个鸡蛋）、酱油少许，肉汤适量。

菜肉豆腐糊

妈咪巧手做：

1. 嫩豆腐放入开水中焯一下，捞出抹干后切成碎块。
2. 猪肉末放入锅内，加入肉汤、酱油、碎豆腐块和绿色蔬菜末，用小火煮熟，然后把调匀的鸡蛋液倒入锅内，边倒边不停搅拌，煮成糊状即可。

宝贝营养指南：

7个月后的宝宝对营养需求量进一步加大，必须添加更多品种的营养辅食。用豆腐、瘦肉、蔬菜、鸡蛋共同组合，各类营养相互补充，能及时补给宝宝生长发育所需的各种营养物质。也可以用鸡肉、鱼肉来做，蔬菜亦可灵活选择和搭配。

葡萄火龙果泥

食材

火龙果100克，葡萄60克。

妈咪巧手做：

1. 将火龙果去皮，取果肉，用磨泥器研磨成果泥。
2. 葡萄洗净，用开水浸泡一会儿，去皮、去籽，用汤匙压碎后研磨成泥状。
3. 将葡萄泥和火龙果泥混合，拌匀即可。

宝贝营养指南：

此品适合8个月以上的婴儿。葡萄中所含的糖分主要是葡萄糖，能很快被人体吸收，对生长发育十分有益。此果泥含维生素和矿物质较全面，对健康和发育十分有益。一般情况下，应先让宝宝分别适应一种果泥，再混合来喂食，这样能更好地保护婴儿的肠胃。

小贴士

给7个月以上的婴儿添加辅食的品种要丰富多样了，可以将两种或几种蔬菜、水果混合，做成混合果泥、菜泥，满足营养供给的同时让宝宝适应多种口味的混合。

蔬菜火腿土豆泥

食 材

土豆 100 克，熟瘦火腿 5 克，生菜叶 15 克，香油、食盐各少许。

妈咪巧手做：

1. 将土豆去皮洗净，切成小块，放入锅内，置火上加适量水煮烂，捞出压磨成泥状。

2. 熟火腿切成极细的碎末；生菜叶用开水烫透，沥干切成碎末。

3. 把土豆泥盛碗，加入火腿末、生菜末、香油、食盐和少许煮土豆的汤，拌匀即可。

宝贝营养指南：

这款辅食适宜 8 个月以上的婴儿食用。土豆含有大量淀粉和蛋白质、膳食纤维、B 族维生素、维生素 C 及钙、磷、钾等矿物质元素，易于消化吸收，能促进消化功能，帮助排毒，防止便秘。

小贴士

从宝宝开始出牙起，就要添加更为丰富的辅食为断奶作准备了。但要让宝宝从稀到稠、从细到粗、从单一到多样逐渐适应各种食物，才能顺利地为断奶打下良好基础。

食材

豆腐50克，苹果肉20克，南瓜20克，葡萄糖（或白砂糖）少许。

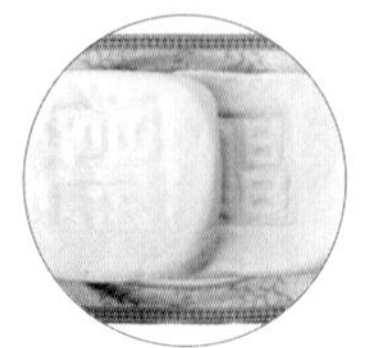

蔬果豆腐泥

妈咪巧手做：

1. 将豆腐入锅加水煮熟，沥去水分，压磨成泥；南瓜蒸熟，压磨成泥。

2. 苹果肉切碎，和南瓜泥一同加入豆腐泥中，再加入葡萄糖拌匀即可。

宝贝营养指南：

豆腐中的完全优质蛋白质含量丰富，营养价值高；丰富的大豆卵磷脂更是有益于神经、血管、大脑的生长发育。用水果、蔬菜与其搭配，既提高了营养利用率，也有利于让宝宝适应多种食物。

小贴士 根据具体情况可以选择不同的新鲜果蔬品种，也可用各类蔬菜泥取代水果。小儿消化不良时不宜多食豆腐制作的辅食。

食材

红枣10～12枚，白砂糖少许。

香甜枣泥

妈咪巧手做：

1. 将红枣洗净，放入锅内，加入适量清水煮15～20分钟，直至烂熟。

2. 去净红枣的皮、核，将红枣果肉捣成泥状，加少许水再煮片刻，再加入白砂糖调匀即可。

宝贝营养指南：

红枣最突出的特点是维生素含量高，富含的钙和铁有利于婴儿骨骼的发育和预防贫血，可大大提高身体的免疫力。其宁心安神、增强食欲的作用有益于宝宝的情绪稳定和正常进食。

小贴士 枣吃多了会胀气，如果发现宝宝有腹胀现象，应暂停喂食。

食材

藕粉 30 克，水蜜桃 50 克，香蕉 30 克，苹果 30 克。

三果藕粉羹

妈咪巧手做：

1. 将藕粉加适量水调匀；水蜜桃去皮，和苹果一起切成极细的末，装碗，和香蕉一起研磨成泥。

2. 锅置火上，加入 200 ~ 250 毫升水烧开，倒入调匀的藕粉用微火慢慢熬煮，一边煮一边搅动，至透明起黏时加入果泥，再稍煮即可。

宝贝营养指南：

藕粉能通便止泻、健脾开胃，可增进食欲、促进消化、补益气血，增强身体免疫力，对调节婴儿食欲不振很有帮助。藕粉搭配各种水果，营养更为全面，是良好的健康辅食。可先添加一种水果，待宝宝习惯口味后再增加水果的品种。

食材

豌豆 15 克，去皮土豆 25 克，去皮胡萝卜 20 克，菜花 20 克，鸡蛋 1 个，食盐少许。

蛋香四鲜菜泥

妈咪巧手做：

1. 将所有蔬菜洗净，都切碎，入锅加食盐和适量水，煮熟。

2. 待凉后将煮好的蔬菜压磨成泥，放入蒸盘，倒上打匀的鸡蛋搅匀，入开水蒸锅蒸熟即可。

宝贝营养指南：

以 4 种适宜婴儿吃的蔬菜搭配鸡蛋同烹，营养相互补充且增进，对婴儿的营养全面摄取和健康生长很有帮助。也可把混合蔬菜泥放入粥里烹煮，妈妈可以灵活掌握。

小贴士

婴儿 5 ~ 6 个月时就可喂食菜泥类辅食，但开始时每次只宜给一种蔬菜泥，从 1 匙的量开始，渐渐增加分量和品种，至 8 ~ 9 个月时用多种蔬菜、食物混合，并可加入少许食盐。

甜蜜南瓜粥

食材

软米饭50克，去皮南瓜100克，米汤适量，白砂糖少许。

妈咪巧手做：

1. 软米饭入锅，加入米汤（或清水），煮成黏稠的粥。
2. 南瓜切成小方块，放入锅中加水煮至熟软（亦可蒸制），捞出研磨成泥状。
3. 待粥熬煮至米烂成糊，将南瓜泥放入煮好的粥中拌匀，离火后调入白砂糖，待稍凉一边搅拌一边喂给宝宝。

宝贝营养指南：

南瓜内含有丰富的维生素、矿物质和果胶，能起到解毒作用，可保护胃黏膜，帮助消化，促进生长发育。用南瓜煮粥给宝宝吃，十分利于营养成分的消化和吸收。

制作时也可直接用大米熬煮成烂粥，再加入南瓜泥。宝宝满8个月后，亦可用清高汤来煮此粥，并以食盐代替糖来调味。

苹果小米豆腐羹

食材

苹果200克，小米100克，嫩豆腐200克，湿淀粉、盐、糖、味精、明油少许。

妈咪巧手做：

1. 将豆腐、苹果均切成小方粒。
2. 锅中加汤，烧开后放入豆腐、苹果、小米和盐、糖、味精等调料。
3. 汤再开时，用湿淀粉勾芡，再淋入少许明油即可。

宝贝营养指南：

豆腐的蛋白质含量丰富，而且豆腐蛋白属完全蛋白，不仅含有人体必需的8种氨基酸，而且比例也接近人体需要，营养价值较高；苹果中的胶质和微量元素——铬——能保持血糖的稳定，在空气污染的环境中，多吃苹果可改善呼吸系统和肺功能，保护肺部免受污染和烟尘的影响。这道辅食颜色美观，口味清淡，咸鲜微甜，宝宝非常爱吃。

食 材

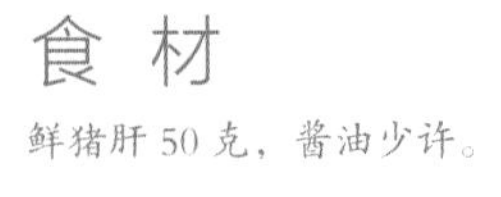

鲜猪肝 50 克，酱油少许。

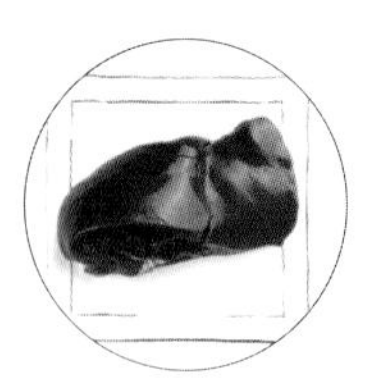

鲜肝泥

妈咪巧手做：

1. 将猪肝仔细清洗后剖开，去掉筋膜再洗净，剁成碎泥，加入一点点酱油腌 10 分钟。

2. 锅里放少许水，烧沸，放入猪肝泥煮至烂熟（或蒸熟）即可。

宝贝营养指南：

适合 7 个月以上的宝宝。适量吃些动物肝或动物血，可补充铁质和维生素 A，能调节和改善造血系统的生理功能，对预防小儿贫血和保护眼睛、皮肤的健康有益。

小贴士

肝是动物体内最大的毒物中转站和解毒器官，清洗要细致。买回的鲜肝应至少冲洗 10 分钟，再放入清水中浸泡 30 分钟，烹调时间也不能太短，一定要保证熟透。

食 材

芋头 100 克，熟芝麻 3 克，清高汤 15 毫升，食盐少许。

鲜香芝麻芋泥

妈咪巧手做：

1. 将芋头去皮，清洗干净，切成块，放入开水锅中煮（或蒸）至熟软，研磨成泥状。

2. 加入少量清高汤（或开水）把芋泥调稀一点，再加入熟芝麻、食盐拌匀即可。

宝贝营养指南：

芋头所含的丰富营养物质能增强宝宝的免疫功能，同时可增进食欲，帮助消化。芝麻含有大量蛋白质、碳水化合物、维生素 A、维生素 E、卵磷脂、钙、铁、镁等营养成分，有保肝护心、养血护肤的功效，可使宝宝皮肤细腻光滑、红润光泽，有助于防止各种皮肤炎症。

小贴士

小儿食滞者不宜喂食芋头，芋头也忌与香蕉同食。由于香蕉在婴儿膳食中比较常用，所以在安排饮食时要注意避免。

食 材

鲜豌豆100克，熟核桃仁20克，葡萄干15克，湿淀粉、白砂糖各少许。

甜甜核桃豌豆泥

妈咪巧手做：

1. 将鲜豌豆洗净，放入烧开水的锅中煮至熟软，捞出研磨成泥。

2. 锅里放少许水和白砂糖，放入豌豆泥煮开，用湿淀粉勾芡，待煮成泥糊状时盛入碗中。

3. 核桃仁泡一下开水，去膜，捣成泥状，葡萄干切成碎末，将两者撒在豌豆泥上，拌匀即可。

宝贝营养指南：

核桃仁含有较多的蛋白质、B族维生素、维生素E及人体必需的不饱和脂肪酸，能滋养脑细胞，增强脑功能；豌豆中富含人体所需的各种营养物质，对提高宝宝的抗病能力很有助益，其中的膳食纤维能促进肠胃蠕动，有通便洁肠的功效。

食 材

大米50克，净鱼肉末50克，净菠菜30克，食盐少许。

菠菜鱼末粥

妈咪巧手做：

1. 将大米淘洗干净，放入锅内，倒入清水用大火煮开，改用小火煮粥，熬煮至米烂粥黏时，加入鱼肉末。

2. 将菠菜择洗干净，用开水焯一下，切成碎末，放入粥内，调入一点食盐，用小火再熬煮几分钟即成。

宝贝营养指南：

此粥荤素搭配，富含优质蛋白质、碳水化合物及钙、磷、铁等矿物质和多种维生素，对促进宝宝身体健康很有帮助。但鱼刺一定要仔细剔除干净，宜选用肉质细嫩、刺少易消化的鱼类，如鳜鱼、鲑鱼、鳕鱼、黄鱼、黄骨鱼、鲈鱼等都是很好的选择。

奶香苹果红薯泥

食材

苹果50克，红薯50克，牛奶15毫升，白砂糖3克。

妈咪巧手做：

1. 将红薯洗净，煮（或蒸）至熟软，去皮，切成小块后再压磨成泥状。
2. 将苹果去皮、去核，切成块，用清水煮软，捣碎研磨成泥状。
3. 将苹果泥、红薯泥混合装碗，加入牛奶、白砂糖，拌匀即成。

宝贝营养指南：

红薯含有丰富的碳水化合物、蛋白质、膳食纤维和多种维生素，可和血补中、宽肠通便、增强免疫功能；吃苹果可解除忧郁，消除不良情绪，提神醒脑，帮助改善呼吸系统和肺功能。此辅食十分有益于婴儿的发育，可防止宝宝发生便秘，提高免疫力，还有助于宝宝保持愉快的心情。

食材

青菜 1 株，熟鸡蛋黄 1 个，豆腐 1 块，淀粉、盐、葱、姜少许。

花豆腐

妈咪巧手做：

1. 将豆腐煮一下，放入碗内研碎；青菜叶洗净，用开水烫一下，切碎后也放在碗内，加入淀粉、精盐、葱姜水搅拌均匀。
2. 将调味后的青菜碎豆腐泥倒入蒸碟上，再把蛋黄研碎撒在豆腐泥表面，放入蒸锅内蒸 10 分钟即可喂食。
3. 菜的口味不宜过咸，以便婴儿食用。

宝贝营养指南：

这道菜含有丰富的蛋白质、脂肪、碳水化合物及维生素 B_1、维生素 B_2、维生素 C 和钙、磷、铁等矿物质。豆腐柔软，易被消化吸收，能促进婴儿生长，是老少皆宜的高营养食品；鸡蛋黄含丰富的铁和卵磷脂，对提高婴儿血色素和健脑极为有益。

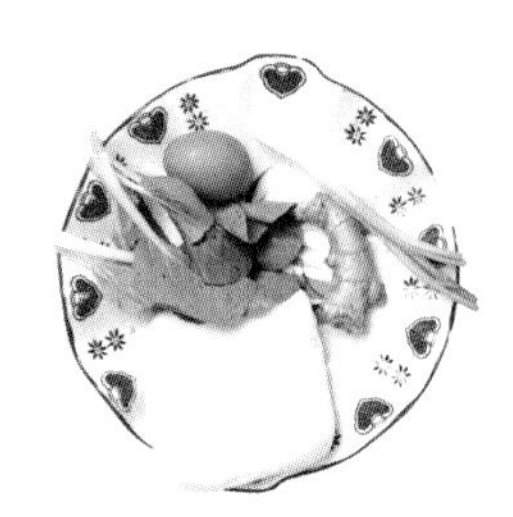

食 材

鲑鱼肉 50 克，面条 30 克，鲜鱼高汤 200 毫升，食盐少许。

鲜汤鲑鱼面

妈咪巧手做:

1. 将鲑鱼肉洗净，下入滚水锅中煮一下，取出后切成小片；面条用剪刀剪成约 1.5 厘米长的小段。

2. 鲜鱼高汤倒入锅中加热，将面条段放入滤网中，用开水冲洗一下后放入锅中，煮至面条成熟。

3. 放入鲑鱼肉片煮沸，加入一点儿食盐调味即可。

宝贝营养指南:

鲑鱼具有很高的营养价值，含有丰富的不饱和脂肪酸，对维护心血管的健康有很大的帮助。所含的 ω-3 脂肪酸更是脑部、视网膜及神经系统发育必不可少的物质，可促进大脑发育和增强脑功能。烹煮时切勿把鲑鱼肉煮得过烂，九成熟即可，保持鲜嫩口味。要特别注意的是，给宝宝添加、喂食各类鱼肉时，要仔细将鱼刺清除干净。

食 材

南瓜 150 克，婴儿牛奶 60 毫升。

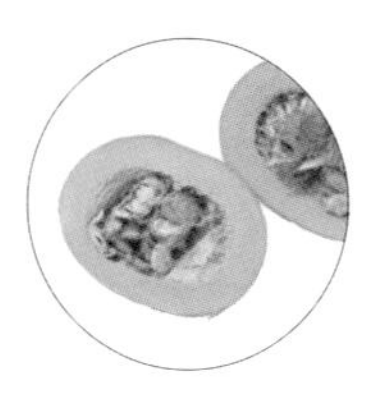

甜香牛奶南瓜泥

妈咪巧手做:

1. 将南瓜去子，连皮切成块状，放入锅中，用中小火煮至熟软后捞起。

2. 用汤匙刮取南瓜肉，装碗，捣磨成泥状，加入婴儿牛奶拌匀即成。

宝贝营养指南:

南瓜所含果胶可以保护胃肠道黏膜，加强胃肠蠕动，帮助食物消化；它所含丰富的锌为人体生长发育的重要物质，能促进健康发育，增长智力。本辅食适合给满 6 个月的婴儿添加。第一次可先喂 1 大匙，视宝宝的反应再增加分量。

这款辅食也可以用过滤后的大骨汤、蔬菜汤、鸡骨汤等任何一种来做。

冰糖核桃仁糊

食材

1 小碗新鲜核桃仁，冰糖少量。

妈咪巧手做：

1. 准备 1 小碗核桃，一般是新剥的，用碾碎机把它碾成粉末。

2. 烧热锅，把冰糖倒入锅中，等待冰糖全部融化，用筷子蘸一下有黏稠感后，将核桃仁粉全部倒入锅中。不断翻炒，等核桃仁粉刚刚变黄就关火，用余热加热几分钟，至冰糖完全吸收就可以出锅了。

宝贝营养指南：

核桃仁营养丰富，含有丰富的蛋白质、脂肪、矿物质和维生素。脂肪中含亚油酸多，营养价值较高，还含有丰富的 B 族维生素和维生素 E 以及多种人体需要的微量元素，婴儿多吃能够帮助大脑发育。

黑米珍珠粥

食材

黑米100克，
大米100克。

妈咪巧手做：

1. 首先将所有米用水淘一下，以两次为宜。
2. 淘好之后等锅里的水开了，将黑米、大米放到锅里。
3. 将两者加水煮至半熟后改为小火慢熬，稠了就可以出锅了。

宝贝营养指南：

黑米营养丰富，含蛋白质、碳水化合物、B族维生素、维生素E，钙、镁、铁、磷、钾、锌等营养元素，具有健脾暖肝、补益脾胃等功效。

由于黑米所含营养成分多聚集在黑色皮层，故不宜精加工，以食用糙米或标准三等米为宜。

核桃牛奶花生糊

食 材

花生仁 100 克，
核桃仁 40 克，
牛奶 50 毫升，
冰糖适量。

妈咪巧手做:

1. 把花生仁压磨成粉状，和牛奶一起，加适量清水搅拌均匀，调成糊状。
2. 锅内加入水，放入核桃仁和冰糖煮约 15 分钟。
3. 然后边搅拌边加入调好的花生糊，搅匀煮至成糊状即可。

宝贝营养指南:

核桃仁含丰富的油脂及蛋白质、粗纤维、胡萝卜素等，是营养丰富的滋补果品，又是健脑益智的佳品。花生仁的营养价值也是相当高的，它是天然食品中烟酸含量最丰富的。给宝宝喂食此粥可防止宝宝出现皮炎、腹泻等，还能润肠通便。

小贴士

有的人喜欢将核桃表面的褐色薄皮剥掉，其实这样会损失一部分营养，所以最好不要剥掉这层薄皮。

食 材

嫩白菜心 30 克，大米（或小米）30 克，熟植物油、食盐各少许。

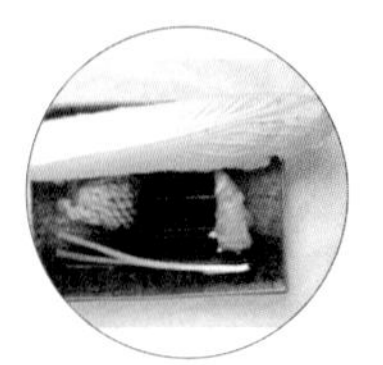

骨汤白菜粥

妈咪巧手做：

1. 取白菜心洗净，切成末；大米淘洗干净，用清水浸泡 1 ~ 2 个小时。

2. 粥锅内加入 200 毫升水，置火上烧开后加入大米，煮片刻后转用小火煮 30 分钟，加入切好的嫩白菜心末，再煮 10 分钟，调入食盐和熟植物油即可。

宝贝营养指南：

6 个月以上的宝宝，添加蔬菜煮粥喂食很适宜，小白菜、菠菜、小油菜、卷心菜、苋菜、胡萝卜等新鲜的蔬菜都可选用，或者再加入一点蛋黄、鱼肉或肉末，以增加营养的全面性。但要循序渐进，让宝宝逐一适应，逐步进行。

小贴士 食盐最好在宝宝满 8 个月后再开始酌情少量添加。还可以加入一些小米，煮成双米蔬菜粥。

食 材

百合 100 克，大米 60 克，莲子少量。

百合糊

妈咪巧手做：

1. 将大米充分浸泡，用清水淘洗 2 遍，放入锅中熬成粥。

2. 将百合、莲子碾碎，放入粥中一起煮烂，搅拌均匀，即可食用。

宝贝营养指南：

米糊中的百合含有蛋白质、脂肪及钙、磷、铁、维生素 B_1、维生素 B_2、胡萝卜素等，具有滋阴润肺、止咳祛燥的功效，再搭配莲子，可起到止咳、清火、宁心、安眠的作用。

食 材

糯米 250 克，绿豆 100 克，草莓 250 克，白糖适量。

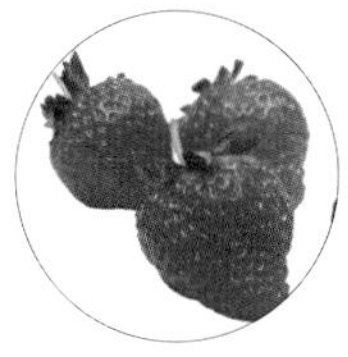

草莓绿豆粥

妈咪巧手做：

1. 将绿豆挑去杂质，淘洗干净，用清水浸泡 4 小时；草莓择洗干净。
2. 糯米淘洗干净，与泡好的绿豆一并放入锅内，加入适量清水，用大火烧沸后，转微火煮至米粒开花，绿豆酥烂，加入草莓、白糖搅匀，稍煮一会儿即成。

宝贝营养指南：

此粥含有丰富的蛋白质、碳水化合物、钙、磷、铁、锌、维生素 C、维生素 E 等多种营养素。绿豆味甘酸，能润肺生津、清热健脾和胃，可治消化不良、暑热烦渴、大便秘结等症。此粥宝宝食用可增加食欲，摄取更多的营养素，以满足宝宝对各种营养素的需求。

食 材

香蕉 400 克，红豆沙 50 克，酸奶 120 克。

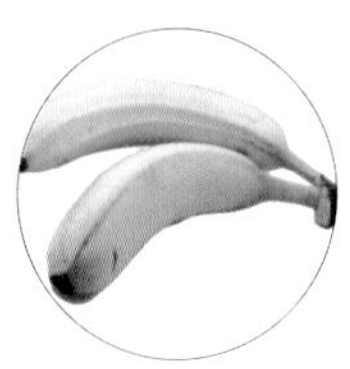

豆沙香蕉酸奶

妈咪巧手做：

1. 将香蕉去皮，切成块状。
2. 将酸奶倒在香蕉上面，并搅拌均匀。
3. 将红豆沙倒在碗中，搅拌均匀即可。

宝贝营养指南：

香蕉含有大量碳水化合物及其他营养成分，可充饥、补充营养及能量。香蕉性寒能清肠热，味甘能润肠通便，加入豆沙酸奶，很开胃，宝宝爱吃。

米汤老南瓜

食材

大米200克，老南瓜750克，白糖20克。

妈咪巧手做：

1. 大米淘洗两遍，放入锅中加水600克，大火煮30分钟至大米刚熟，沥出大米另作他用，所剩之水即为米汤。

2. 老南瓜去皮、去子，切成重约50克一个的块，撒上白糖，用大火蒸15分钟后入盆中，灌入米汤上桌即成。

宝贝营养指南：

米汤营养丰富，南瓜甜软香滑。老南瓜的营养价值高，含有丰富的食物纤维、钙、铁、胡萝卜素，这些营养对于婴儿成长非常有好处。

食材

南瓜200克，洋葱1个，薏仁50克，鲜奶油、橄榄油适量。

薏仁南瓜汤

妈咪巧手做：

1. 洋葱切丁，南瓜去皮去子，切丁。
2. 薏仁洗净泡水约6小时，使用前沥干水分。
3. 倒入橄榄油热锅，以中火将洋葱炒香。
4. 将切好的南瓜放入锅内，以中强火快炒3～5分钟，加水以小火慢煮至南瓜熟软，再打成泥。
5. 把打成泥的汤料再倒回原锅里，加入薏仁，以小火继续煮至汤变浓稠。最后把鲜奶油倒入汤中搅拌均匀即可。

宝贝营养指南：

南瓜多用于断奶食物的制作，且含丰富的糖分，较易消化吸收。它所含的β－胡萝卜素，可由人体吸收后转化为维生素A。另外，南瓜含丰富的维生素E，能使小朋友的生长发育维持在健康状态。多吃南瓜也可用于儿童蛔虫、绦虫、糖尿病的治疗，并能减少麻疹的患病风险。薏仁对儿童有健脾、渗湿、止泻的作用。

食 材

新鲜丝瓜40克，排骨100克，大米50克，蘑菇、生姜、碘盐各少许。

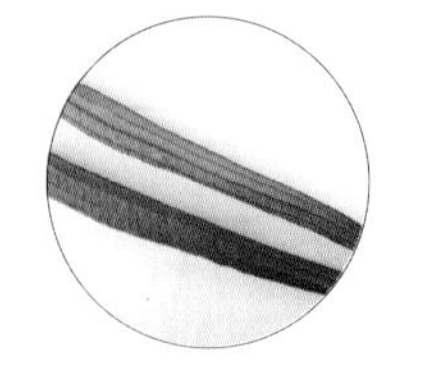

丝瓜排骨粥

妈咪巧手做：

1. 将丝瓜洗净后去皮切片，蘑菇洗净切片，排骨洗净后汆一遍，大米洗净浸泡半小时，备用。
2. 向锅内依次放入适量清水、排骨、姜片。大火煮沸后转小火慢炖约1小时。
3. 向锅内加入大米，中火煮沸后转小火慢炖，再放入丝瓜、蘑菇及碘盐少许。
4. 10分钟后关火出锅即可。

宝贝营养指南：

丝瓜排骨粥具有清热解毒，消炎祛暑的作用，适合夏季食用。由于丝瓜中维生素C和B族维生素比较丰富，因此对于缺乏这两种维生素的人有积极作用。丝瓜可用于预防各种维生素C缺乏症，也有利于小儿大脑发育。

食 材

豆腐、鲜虾、瘦肉、香菇、松子、胡萝卜、鸡蛋、葱花各适量。

八宝豆腐羹

妈咪巧手做：

1. 将胡萝卜洗净，去皮切丁；瘦肉切丁备用；鲜虾煮熟去壳，切碎备用。
2. 香菇去掉根部的杂物，洗净切丁备用。
3. 豆腐置于案板上切成小块备用。
4. 锅内倒入高汤，加入香菇、瘦肉、胡萝卜丁煮沸。
5. 加入豆腐、鲜虾、瘦肉、松子等煮沸。将鸡蛋打散，边倒边用筷子划散，煮熟后撒上葱花就可食用。

宝贝营养指南：

豆腐对宝贝来说有清热泻火、益气解毒的作用，鸡蛋有润燥、增强免疫力、护眼明目的功效，胡萝卜有养肝明目、健脾、化痰止咳的作用。八宝豆腐羹对宝宝来说是一道既美味又营养丰富的食品。

食 材

菠菜100克，洋葱15克，牛奶50毫升，食盐少许。

奶香煮双蔬

妈咪巧手做：

1. 将菠菜择洗干净，放入开水中焯软后捞出，沥去水分，取叶嫩部分切碎，研磨成泥；洋葱洗净，焯水后剁成泥。
2. 将菠菜泥与洋葱泥混合，加入适量清水一同放入小锅中用小火煮至熟透。
3. 加入牛奶略煮，调入一点儿食盐，使之略有淡淡的咸味即可。

宝贝营养指南：

以多样的蔬菜组合或者以各类蔬菜和肉类、蛋类及豆腐等搭配为11个月以上的婴儿做食物，对平衡营养摄取十分重要，可让宝宝进一步适应各种食物，为顺利断奶做足准备。

食 材

鲜瘦肉500克，大米50克，菜心50克，盐、生粉各少许。

菜心肉丸粥

妈咪巧手做：

1. 将米洗净，放入锅中。
2. 将瘦肉切碎，剁成泥，做成小丸子备用。
3. 将菜心洗净切成小段，备用。
4. 把米煮开，把瘦肉丸裹一层生粉，放入粥中一起煮烂。
5. 等到快熟时，再放入菜心、盐，慢慢搅拌，直至煮熟。

宝贝营养指南：

菜心肉丸，荤素搭配，既含丰富的蛋白质，又有维生素，菜心肉丸粥香软细滑，宝贝也爱吃。蔬菜也可以搭配其他的菜，这不仅可以让孩子从不同的蔬菜中获得丰富的营养，而且能养成孩子进食多样化食品的良好饮食习惯。

冰糖银耳羹

食材

银耳12克，
红枣几颗，
冰糖少许。

妈咪巧手做：

1. 银耳先冲洗几遍，然后放入碗内加冷开水浸泡（没过银耳即可）。

2. 银耳浸泡1小时左右后，此时已涨发，然后挑去杂物。

3. 把银耳、红枣和适量冰糖放入碗内，再加入适量冷开水，一起隔水炖2～3个小时即可。

宝贝营养指南：

银耳富含维生素D，食之能防止钙的流失，对生长发育十分有益。银耳中的有效成分为酸性多糖类物质，能增强宝宝的免疫力。

草莓奶酪

食 材

草莓 200 克，柚子 1 个，奶酪适量。

妈咪巧手做:

1. 把草莓洗净，去除蒂头，沥干水分，切成小块。
2. 把柚子剥皮，切成小块。
3. 将奶酪倒在柚子和草莓上，搅拌均匀即可食用。

宝贝营养指南:

草莓鲜美红嫩，香味浓郁，含大量维生素 C 与胡萝卜素等多种营养成分，对宝宝有润肺生津、健脾和胃等功效。柚子不但营养价值高，而且还具有健胃、润肺、清肠、利便等功效。奶酪富含蛋白质，酸酸甜甜的口感，很适合宝宝的口味。饭后吃一些，有助于消化开胃，健脾生津。

食 材

土豆100克，葡萄干10克，白砂糖少许。

甜香土豆泥

妈咪巧手做：

1. 将葡萄干用温水泡软；土豆去皮后洗净，切成小块。

2. 将土豆块放入锅内，加入适量清水煮熟，取出放入碗中，用汤匙压磨成土豆泥。

3. 锅置火上，加入少许水烧开，放入土豆泥和葡萄干，用微火煮至黏稠，加入白砂糖拌匀即成。

宝贝营养指南：

制作时，土豆还可以蒸熟后再制成泥，葡萄干用温水泡软后亦可切碎再煮。

葡萄干中的铁、钙和葡萄糖含量十分丰富，加入土豆中，在婴儿辅食中适当添加，可补血气、强骨骼、健脑力，十分适宜。常食还对大脑神经健康和疲劳有较好的补益调养作用。

食 材

猪血、瘦肉、韭菜、香菇、葱、姜各适量。

翠绿猪血

妈咪巧手做：

1. 猪血用开水汆烫一下，凉后用刀小心地切成块，把瘦肉洗净切成小块备用。

2. 韭菜择好，洗净切段，香菇切碎，葱、姜切末。

3. 先在锅里倒入些油，把瘦肉先放入锅内炒熟，再把韭菜、香菇、葱姜末倒入炒熟。

4. 最后把猪血放入锅内一起炒熟，出锅即可食用。

宝贝营养指南：

猪血是一种良好的动物蛋白，与猪瘦肉、鸡蛋的蛋白质含量差不多，含有人体所需的8种氨基酸。猪血还具有补血功能，给婴儿吃一些猪血，对其生长发育和成年后的健康都有益处。

PART 4

断奶后期：10 ~ 12 个月婴儿断奶营养餐

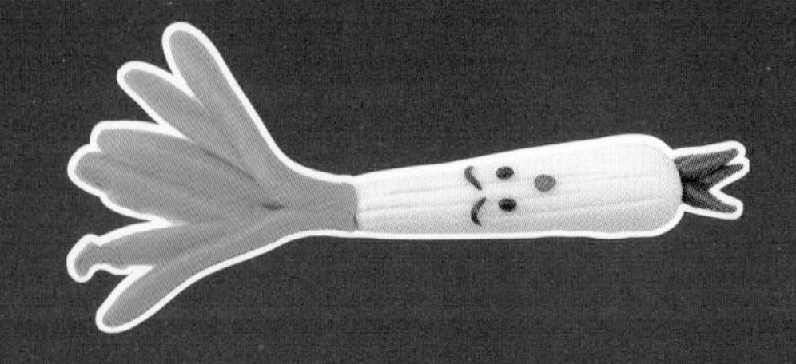

婴儿的营养饮食指南

断奶后期辅食的添加和喂养

■宝宝 10 个月了

10 个月的宝宝，乳牙已萌出 4 ~ 6 颗，有一定的咀嚼能力，消化功能也进一步增强，很快就可断母乳了。这时每天总奶量保持在 500 ~ 600 毫升，在上午、中午、晚上吃三顿辅食，辅食以稠稀饭、软饭、烂面条为主，可以在稀饭或面条中加入肉末、鱼肉丁、碎菜、土豆、胡萝卜等，也可将新鲜蔬菜（如胡萝卜、菠菜、大白菜等）切碎，与鸡蛋混合后做成蛋卷。总之，辅食量要比上个月有所增加。下午加点心时，吃的水果可选香蕉、葡萄、苹果、橘子、草莓等。这个时期正是宝宝学习和模仿大人动作的时候，可以让宝宝和大人坐在一起吃饭，较软、较清淡的饭菜可适当夹给宝宝吃，这样有利于让宝宝养成良好的进食习惯，为下一步断奶打好基础。10 个月的婴儿，母乳喂养的次数要减少到早、晚各 1 次，以免婴儿对母乳形成依赖心理。

■宝宝 11 个月了

宝宝 11 个月了，此时也正是要断奶的阶段，可以正常地吃主食了，此时的辅食可不必再做得像以前那么细、软、烂，但也不能过硬。宝宝断奶后，谷类食品成为宝宝的主要食品，热量也主要来源于这些谷类食品。当宝宝的膳食逐渐以米、面为主时，还要搭配畜禽食品、水产食品、蔬菜、豆制品等。为了提高宝宝的进食兴趣，在食物的制作上要变换花样，如做些包子、饺子、馄饨、馒头、花卷等，还要培养宝宝自己拿勺进食。需要指出的是，断奶并不是不让婴儿吃任何乳品，只是让乳品（特别是母乳）不再成为宝宝的主要食品。牛奶作为补充钙质和其他营养的优选食品，必须给宝宝饮用，每天补充奶量不应该低于 350 毫升。

■宝宝 12 个月了

经过大半年的辅食喂养过程，第 12 个月至满周岁的婴儿一般都可以完全断奶，并逐渐养成以一日三餐为主，早、晚牛奶为辅的进餐习惯。可能少数宝宝由于某种原因还不能完全断奶，可再延长一段母乳喂养的时间，不过最晚不要超过 18 个月。宝宝此时还不能够充分消化吸收大人吃的食物，因此饮食还应专门制作，还是要做得相对细、软及清淡一些。此时必须要保证给宝宝的食物可提供充足的热量（特别是蛋白质），要注意各类营养的均衡——蔬菜和水果及荤素的科学搭配，父母还需特别关注孩子有无偏食的倾向。

婴儿膳食安排注意要点

■灵活调节进食的乐趣

这个时期的宝宝可以吃一些细、软的食品了，如软饭、熟烂的菜、水果、小肉肠、碎肉、面条、馄饨、小饺子、小蛋糕、蔬菜薄饼等，品种要多样化，以增加宝宝进食的乐趣。手指样的小食物可让宝宝自己抓着吃，以增添其进食的乐趣，而妈妈则不宜用食物来对宝宝进行奖惩。

■给宝宝断奶不宜过早或过晚

给宝宝断奶过早或过晚（超过 18 个月）都不太适宜。太早断奶，宝宝的消化系统的功能还不完善，无法从普通食物中获取全面营养；太晚断奶，母乳中的营养成分已经改变，不能再满足宝宝生长发育的需要。尤其是在宝宝长牙后，对食物的要求也提高了，需要一些有形的东西来锻炼牙齿的咀嚼功能，更需及时添加辅食。

■逐渐养成一日三餐的习惯

10 ~ 12 个月的婴儿，存储食物的能力和消化能力也逐渐完善，应每天定时、定量进食。这时妈妈可把宝宝早、中、晚三餐的时间调整到与大人基本一致。午睡后可让宝宝吃一些点心，睡前可加喂一点配方奶（牛奶），尽量减少喂母乳。牛奶是除母乳外营养最均衡的食品，这个阶段宝宝每天补充的牛奶量不应少于 500 毫升。有条件的话，最好让孩子喝配方奶到 3 岁以后。

■科学添加辅食

这个时期的宝宝已经学会用牙龈咬东西，提供的食物已不需提前压碎或磨碎，不要有过多太软的糊状或泥状食物，应该是带有嚼劲的细碎状食物，并有一定硬度，比如撕成小碎片的肉和鱼，切成碎片或小丝的蔬菜等。

■饮食上还要注意清淡

到了 10 ~ 12 个月时，可以让宝宝经常和大人一起吃饭，但宝宝的食物的调味还是要清淡，浓淡应是大人的 1/3 或 1/4。制作食物时多采取蒸、煮、焯的方法，这样相对更能保护食物的色香味和营养，也更利于宝宝消化和吸收。这时宝宝的营养主要来自于辅食，要注意饮食的营养均衡。

■多鼓励宝宝自己吃东西

有的宝宝常要自己拿汤匙吃，妈妈要多鼓励他这样做，并且帮助和指导他怎样吃。一旦宝宝学会自己拿匙吃，眼与手的协调动作也会发育得很快。但这样可能会经常弄得桌面、衣服很脏，妈妈要有耐心，千万不要加以责备，以免影响宝宝动作和心理的发育。

10 ～ 12 月龄婴儿辅食摄入量参考

母乳或婴儿配方奶粉喂养，每天共 600 毫升左右奶量。

每天 2 餐饭（谷类 + 动物食物 + 蔬菜）+1 份小点心（水果、面包片、饼干）。

每餐 60 克软饭（或 40 克米粉）+30 克肉类（鱼肉泥、猪肉泥、肝泥、鸡肉泥等）+60 ～ 100 克蔬菜（或加 1 个蒸蛋羹）。即 2 勺软饭 +1 勺肉 +1 个蛋或 2 ～ 3 勺菜。

辅食种类：

谷类食物，如稠粥、烂饭、面条、饺子、包子、面包、馒头等。

蔬菜水果类食物，蔬菜可做成蔬菜泥或碎菜，可选胡萝卜、油菜、小白菜、菠菜、番茄、土豆、红薯、南瓜等；新鲜水果可选苹果、桃、香蕉、梨、西瓜、橘子、哈密瓜等。

豆类、奶类食物，可选豆制品，如豆腐花、嫩豆腐、豆浆、腐竹等，还需增加较大婴儿配方奶粉或全脂牛奶。

动物性食物，如全蛋、无刺鱼肉、虾、动物血、动物肝泥、瘦肉末、碎肉、鸡肉末等。

另外，还需继续在医生指导下喂服鱼肝油。

怎样轻松科学地给宝宝断奶

■宝宝断奶的最佳时间

断奶是指通过添加代乳品的辅助食品，使婴儿由单纯的乳汁喂养逐步过渡到以日常饮食为主要食物的过程。断奶对婴儿来说是非常重

要的时期，是婴儿生活中的一大转折点。断奶不仅仅是食物品种、喂养方式的改变，更重要的是，断奶对宝宝的心理发育有重要的影响。

随着哺乳时间的推移，母乳由初乳过渡到成熟乳（2 ~ 9 个月的乳汁），进而过渡到晚乳（10 个月以后的乳汁），乳汁的量和质都在逐渐下降，而婴儿成长发育所需的营养却在不断增加，单纯母乳喂养已不能满足婴儿发育的需要，因此要添加营养丰富且易消化的辅食，同时逐渐减少乳汁的供应量。如果宝宝能顺利适应辅食，断奶则会比较顺利。

10 个月左右的宝宝，口腔中舌的运动和咀嚼功能及消化能力不断增强，所以这时应当考虑断奶并做准备。当接近 1 周岁，宝宝的消化功能和咀嚼功能再提高时，通过辅食获得的营养已占到宝宝所需营养的 60% 以上，这时就具备了断奶的条件。正常情况下，宝宝 11 个月至 1 周岁左右时断奶较为适宜。

■给宝宝断奶要考虑的三大因素

要考虑到辅食添加的进程，如果宝宝添加辅食的时间较晚，所需的营养还主要依赖乳汁，那么需要适当推迟断奶时间。

断奶后宝宝的消化功能需要一个适应过程，此时其免疫力可能会下降，一定要选择在宝宝身体状况良好时断奶，否则对宝宝的健康会有不利影响。而在宝宝生病期间更不宜断奶。

夏天宝宝出汗多，胃肠消化能力弱，而且食物易变质，这时断奶更容易引起宝宝腹泻、消化不良；冬季寒冷，宝宝易着凉、感冒，甚至感染肺炎。因此，断奶最好选择在春暖或秋凉时节。

■断奶的辅食和心理准备

宝宝断奶不是一两天就能完成的，不可急于求成，如果遇到宝宝身体不适或极度依恋母乳等情况，还需反复多次尝试断奶。一般断奶前要做充分的准备，采取循序渐进、逐步替代、自然过渡的方法，只要宝宝和妈妈都在心理和生理上对此能够适应，断奶就比较顺利。

做好断奶准备是顺利断奶的开始。给宝宝添加辅食要从流质、半流质到固体食物，由少到多，由稀到稠，由细到粗，由一种到多种，使宝宝逐步适应，一旦宝宝接受了这些食物，对这些食物也没有过敏，就可过渡到断奶。但妈妈不能只看到宝宝对各类食物逐渐产生兴趣，还要注意宝宝的断奶心理，切不可强行断奶，否则会影响宝宝的心理发育。

开始时可逐渐减少喂母乳的次数，一般可先减去夜间的哺乳，然后再减去上午或下午的哺乳。因为早晨的泌乳素水平比较高，乳汁也分泌得比较多，所以最后减去早晨起床后的母乳哺乳，直至最终完全断奶。这是个自然过渡的过程，逐步减少宝宝吸吮母乳的次数，也减少了乳汁的分泌，最终达到断奶的目的。宝宝在长牙后还要通过吃固体食物学会咀嚼、吞咽，学会使用小勺等，这也是在为断奶做准备。

鲜味营养虾泥

食材

鲜虾仁50克，卷心菜叶60克，香油、食盐、鸡汤各少许。

妈咪巧手做：

1. 把卷心菜叶洗净，下入沸水锅中焯至熟透，捞出沥干，剁碎；鲜虾仁处理干净，剁成泥，放入碗内，加入鸡汤，上笼蒸至熟烂。
2. 调入少许食盐、香油，加入卷心菜碎，搅拌均匀即成。

宝贝营养指南：

宝宝食此虾泥可强身壮体、促进发育。虾肉含钙、磷、铁及维生素A、维生素B_1、优质蛋白质等多种营养，对婴儿健康生长非常有利。卷心菜含有丰富的维生素和矿物质，有增进食欲、健胃助消、预防便秘的作用。

虾忌与含有鞣酸的水果（如葡萄、石榴、山楂、柿子等）同食，否则会降低蛋白质的营养价值，引起身体不适。如果准备给宝宝吃葡萄或橘子，应与吃虾类食物至少间隔2个小时以上。

食 材

面粉50克，猪瘦肉30克，鸡蛋1个，胡萝卜丁15克，大豆油、淀粉、食盐、葱末、香油各少许。

什锦珍珠羹

妈咪巧手做：

1. 将面粉加清水和好，做成黄豆大小的面珍珠；猪瘦肉洗净，切碎，加食盐、淀粉拌匀。
2. 锅置火上，烧热大豆油，下入猪瘦肉末炒香，盛出备用。
3. 锅中加入约1杯水，大火烧开，把面珍珠、猪瘦肉末、胡萝卜丁一起下锅煮至熟透，将鸡蛋磕出搅匀，淋入锅中，加入葱末、食盐烧开，再调入香油即可。

宝贝营养指南：

此款汤羹十分适合宝宝的口味，也可用撇去浮油的大骨清汤或清鸡汤来做，再加入一些切碎的绿叶蔬菜。

小贴士

10～12个月的宝宝，父母应开始注意培养其良好的饮食习惯，如固定就餐的时间和位置、适宜的食物量、就餐时专心致志。

食 材

鸡胸肉 30 克，葱末 5 克，大米粥适量，食盐、植物油各少许。

鲜香鸡肉粥

妈咪巧手做：

1. 将鸡胸肉洗净，切成碎末。

2. 鸡肉末和葱末一起入锅，加入刚煮好的大米粥，用小火熬煮至熟，调入少许食盐和植物油，再稍煮片刻即可。

宝贝营养指南：

鸡肉的肉质细嫩，蛋白质含量较高且易被人体吸收利用，有增强体力、强壮身体的作用。把适量鸡肉添加入粥中，是一种很好的营养补充，对婴儿向幼儿过渡的营养摄取非常有益。10 ~ 12 个月的婴儿需要更多的各类食物，可根据情况在煮粥时再加入一些切碎的青菜、香菇等，以丰富粥的口味、营养。

食 材

南瓜 150 克，牛奶 100 毫升，洋葱 30 克，清高汤 150 毫升，奶油、植物油各少许。

奶香南瓜浓汤

妈咪巧手做：

1. 将洋葱剥去外皮，洗净后切成碎末；南瓜去子，带皮切成块，放入蒸笼中蒸透，取出去皮后研磨成南瓜泥。

2. 起锅放植物油烧热，放入洋葱末炒软，加入高汤和牛奶煮沸，放入南瓜泥煮开，熄火后盛入碗中，再加入奶油拌匀即可。

宝贝营养指南：

10 ~ 12 个月准备断奶的孩子容易感冒，为了给孩子加强免疫力，可以吃些富含 B 族维生素与 β - 胡萝卜素的食物，如南瓜、洋葱、燕麦、土豆、玉米、糙米等都是良好的选择。

食 材

豆腐150克，牛肉60克，鸡蛋1个，玉米粉、生抽、牛肉汤、葱丝各适量。

鸡蛋牛肉豆腐羹

妈咪巧手做：

1. 将豆腐去掉外部表皮，切成小块，用开水焯过备用。
2. 牛肉洗净，切成丝。
3. 将鸡蛋磕出，打散待用。取玉米粉、生抽各适量，加入2/3的清水，搅混。
4. 将牛肉汤加入炒锅中，用大火煮开后，撇去浮沫。
5. 开锅后加入牛肉丝、豆腐块，倒入打散的鸡蛋和玉米粉等，搅匀。等烧开后，撒上葱丝即可。

宝贝营养指南：

牛肉富含蛋白质，其氨基酸组成比猪肉更接近人体需要，能提高机体抗病能力，对宝宝生长发育有帮助。牛肉有补中益气，滋养脾胃，强健筋骨，化痰息风，止渴止涎之功效，加上豆腐和鸡蛋，这是一款健脾开胃的辅食，是补充宝宝营养不良之佳品。

食 材

青菜叶30克，鸡胸肉50克，即溶麦片30克，熟鸡蛋1个，大骨高汤150毫升，食盐少许。

骨汤鲜蔬鸡肉麦片

妈咪巧手做：

1. 青菜叶洗净，用沸水烫熟，待凉后切碎；鸡胸肉洗净后，先切小薄片，再切成小粒；熟鸡蛋去壳，将蛋白切成小薄片，蛋黄切碎。
2. 将大骨汤入锅加热，放入鸡胸肉粒煮熟，再放入即溶麦片煮开，转小火，放入青菜末和切好的鸡蛋拌匀，调入食盐稍煮即可。

宝贝营养指南：

此糊营养全面，可提供丰富的蛋白质、钙、铁和维生素，能促进生长发育，对断奶很有帮助，适宜11个月以上的婴儿。制作时还可用稠米粥或米糊代替麦片，做成菜肉米糊。也可选用鱼肉、瘦肉来做。

食材

菠菜100克，猪瘦肉50克，大米50克，植物油、食盐各少许。

肉末菠菜粥

妈咪巧手做：

1. 菠菜择洗干净，焯水后切成碎末；猪瘦肉洗净，剁成碎末。
2. 大米淘洗后入锅，加适量水置火上，大火煮开，转小火煮粥，将近熟时放入猪瘦肉末，煮至肉末变色。
3. 加入菠菜末，待煮熟后再放入植物油、食盐，煮至粥开即成。

宝贝营养指南：

猪肉和菠菜一同入粥，可补充蛋白质和维生素及矿物质，婴儿常吃对生长发育及提高免疫力很有益处。

小贴士

妈妈给宝宝做粥时应注意：菠菜不宜直接烹调，其含草酸较多，会影响身体对钙的吸收。一般是把洗净的菠菜先用沸水焯一下，即可除去大部分的草酸。另外，绿色蔬菜易残留农药污染，一定要仔细清洗，可以先用一些盐水浸泡后再洗。

食材

鲜鱼肉200克（鳕鱼、黄鱼、鳜鱼、鲈鱼、鲑鱼、草鱼均可），植物油、酱油、食盐、白砂糖各少许。

鲜爽鱼肉松

妈咪巧手做：

1. 鲜鱼肉洗净，上锅蒸熟，剔净骨刺。
2. 取处理好的鱼肉压匀剁碎。
3. 中火烧热锅，加入植物油，放入鱼肉末，边烘边炒至鱼肉香酥时，加入食盐、酱油、白砂糖，炒匀即可。

宝贝营养指南：

鱼肉含有丰富的矿物质、优良的蛋白质，是宝宝发育必不可少的食物。

从添加辅食开始就已经在为宝宝断奶做准备，可先让其适应鱼汤，再喂食鱼肉制作的辅食。

小贴士

鱼汤可选择新鲜的鱼头来熬制，当顿没吃完剩下的鱼汤不宜再喂给宝宝。

食材

娃娃菜150克，猪肉丸80克，粉丝、上汤、油、盐各适量。

粉丝肉丸子

妈咪巧手做：

1. 将娃娃菜用清水浸泡30分钟，择洗干净，沥干。

2. 粉丝用清水浸泡15分钟，洗净，沥干。

3. 将娃娃菜切丝。

4. 将全部食材放入预先煮好的上汤中，大火煮开。倒入适量的油、盐就可以了。

宝贝营养指南：

这是一道口感甜美、滋味鲜咸的辅食，富含蛋白质，具有健脾利水、清热排毒、降压明目等功效，适合宝宝食用。

食材

大米粥1小碗，芋头100克，鸡蛋1个，婴儿牛奶50毫升，白砂糖少许。

芋头蛋奶粥

妈咪巧手做：

1. 芋头去皮后洗净，切成小块，然后将芋头块煮熟或蒸熟，再研磨成泥。

2. 鸡蛋煮熟后去壳，分别把蛋白和蛋黄切成小丁。

3. 大米粥入锅煮沸，倒入芋头泥，轻轻搅匀，再次煮开时加入鸡蛋丁，再慢慢倒入婴儿牛奶，调入白砂糖，拌匀煮开后马上装碗。

宝贝营养指南：

这款辅食适合9个月以上的宝宝，可均衡营养摄入，促进免疫功能提高。芋头煮粥可益胃宽肠，滋养肝肾，能帮助婴儿排便顺畅，提高抗病毒能力。这个时期的婴儿对矿物质营养需求大大增加，要特别注意补充富含钙、铁、磷、锌的食物，而芋头和鸡蛋同煮粥就是一个不错的选择。

食 材

苹果、雪梨各100克，大米50克，葡萄糖少许。

鲜甜双果米糊

妈咪巧手做:

1. 苹果、雪梨分别去皮、去核，切成片（未煮前最好浸于清水中，以免变黄）。

2. 大米洗净，加入约350毫升清水浸泡半小时，倒入小煲，大火煲沸，再以小火煲30分钟，加入苹果片、雪梨片煮至熟透，熄火后放温。

3. 把煲好的水果粥放入搅拌机内搅匀，再倒回煲内煮成糊，加入葡萄糖调匀，待温度适合时便可喂给宝宝。

宝贝营养指南:

此米糊可当主食或作为下午小点，适宜11个月的婴儿食用，对便秘、消化不良有调理作用。辅食煮成后可由妈妈陪伴，让宝宝自己试着拿着小勺进食，这样既可增加进食兴趣，又能培养他的自信心和独立能力。

食 材

小米60克，牛奶200毫升，鸡蛋1个，核桃仁30克，白砂糖少许。

蛋奶核桃小米粥

妈咪巧手做:

1. 将小米淘洗干净，用清水泡1小时，沥干水备用；核桃仁用开水泡片刻，去掉外膜，捣成泥。

2. 锅内加入约300毫升水，烧开，放入小米，用大火煮开，转用小火煮粥至米粒涨开，加入牛奶、核桃泥续煮至粥烂熟。

3. 将鸡蛋打散，淋入小米粥中，再调入白砂糖煮化即可。

宝贝营养指南:

小米有清热解渴、健胃除湿、和胃安眠、滋阴养血的功效，B族维生素含量特别丰富；核桃含有丰富的蛋白质、多种不饱和脂肪酸、B族维生素、维生素E、钙、磷和膳食纤维，能健脑益智、增强记忆力。两者加上营养全面的牛奶、鸡蛋煮粥，对神经系统和身体发育非常有利，还能预防宝宝贫血，养心安神。

骨汤芋头米线

食材

大骨汤200毫升，芋头丁60克，米线100克，芹菜末、食盐各少许。

妈咪巧手做：

1. 大骨汤入锅煮沸，加入芋头丁焖煮至熟软，再加入芹菜末、食盐稍煮，备用。
2. 米线用剪刀剪成长约1厘米的小段，下入沸水锅煮熟，捞起沥干水分，放入芋头大骨汤中，拌匀后再稍煮即可。

宝贝营养指南：

这道辅食还可用桂林米粉来做。芋头中矿物质氟的含量较高，有洁齿防龋、保护牙齿的作用，有利于宝宝的牙齿健康。常给宝宝食用此米线，还有益于摄取丰富的钙质和多种维生素。制作时可再加入一些碎菜或肉类，丰富营养的同时让宝宝进一步锻炼咀嚼能力和适应各种食物。

应注意的是，小儿食滞者不宜食用芋头。

果酱蛋奶薄饼

食材

面粉60克，鸡蛋2个，牛奶150毫升，黄油5克，食盐少许，果酱、植物油各适量。

妈咪巧手做：

1. 将面粉放入碗内，磕入鸡蛋，搅拌均匀，加入食盐和化开的黄油、牛奶搅匀，放置20分钟后再搅拌均匀成面糊。
2. 小平底锅置火上烧热，淋上一层植物油，倒入一汤勺面糊，使面糊在锅底均匀地推成饼，待一面烙熟后，翻面再烙另一面。
3. 按同样方法烙熟全部薄饼，然后在每个薄饼上放少许果酱，卷起来切成小段给宝宝吃。

宝贝营养指南：

此饼松软、香甜，含有丰富的蛋白质、碳水化合物和钙、磷、铁、锌及维生素A、维生素B_1、维生素B_2、维生素D、维生素E、DHA（二十二碳六烯酸，俗称“脑黄金”）等多种营养素，适宜11～12个月的婴儿食用。让宝宝自己拿着吃，在进一步锻炼咀嚼能力和手部精细动作的同时，也及时补充了发育所需的各类营养。

小贴士

制作中，要将牛奶鸡蛋面糊调匀，不要有小疙瘩，薄饼最好也摊得小一些。

食 材

白菜叶30克，鸡胸肉30克（约1块），即溶麦片2大匙，鸡骨高汤100毫升。

鸡香麦片糊

妈咪巧手做：

1. 白菜叶洗净，用沸水烫熟，待凉后切成细丝；鸡胸肉洗净，切成小薄片。

2. 将鸡骨高汤入锅加热，放入鸡胸肉片煮熟，再放入即溶麦片煮开，然后和白菜丝一起放入搅拌器内搅成糊，装碗即可。

宝贝营养指南：

这款辅食各种营养素含量较为全面，对断奶期婴儿的营养衔接和促进健康发育大有助益，适合10个月以上的婴儿食用。等宝宝再大一些至断奶，吞咽、消化功能再成熟一些时，可以省略搅打过程。

食 材

豆腐100克，胡萝卜丝20克，油菜15克，核桃仁15克，花生酱5克，食盐、高汤各少许。

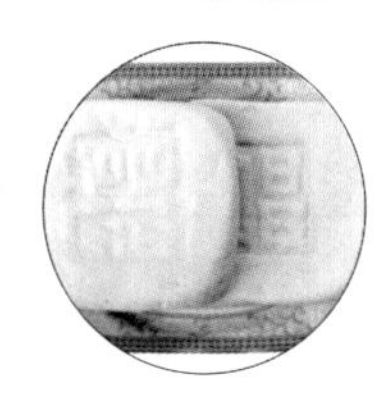

骨汤三鲜豆腐泥

妈咪巧手做：

1. 将豆腐用沸水焯透，沥干水分后用刀压磨成泥状。

2. 胡萝卜丝入锅，加水煮熟；油菜煮熟，切碎；核桃仁用开水烫过后捞起，压磨或切成碎末。

3. 研钵内放入豆腐末，加入核桃仁末、花生酱细细磨匀，再加入胡萝卜丝、油菜末和少许高汤、食盐，充分拌匀即可。

宝贝营养指南：

油菜、胡萝卜、核桃都是非常适合婴儿吃的营养食物，配以富含优质大豆蛋白的豆腐，美味可口，能促进宝宝的食欲，调节营养吸收和防止便秘，特别有利于宝宝骨骼、牙齿、大脑的发育和眼睛健康。

红豆 50 克，白砂糖、植物油各少许。

红豆泥

妈咪巧手做：

1. 将红豆拣去杂质、洗净，用清水泡发，放入锅内，加入水，用大火烧开，加盖，转小火焖煮至豆烂熟。

2. 将锅置火上，放入少许植物油，下入白砂糖炒化，倒入红豆，改用小火炒成豆泥即成。（注意：豆煮得越烂越好，炒豆沙时火要小，要不停地擦着锅底搅炒，以防炒焦而产生苦味。）

宝贝营养指南：

红豆含有丰富的 B 族维生素和铁质，还含有蛋白质、脂肪、碳水化合物、钙、磷、烟酸等营养成分，常食有助于婴儿摄取全面的营养。豆泥香甜、细软、可口，和粥一起喂食宝宝，更可提高营养利用率，适宜 10 个月以上的宝宝食用。

食材

大米 100 克，牛奶 350 毫升，葡萄干 30 克，奶油 15 克，细砂糖 5 克，食盐、香草精、植物油各少许。

葡萄干奶米糕

妈咪巧手做：

1. 葡萄干切碎；大米洗净，沥干后放入锅中，加入牛奶、食盐，用小火慢煮至米软但仍有米粒感，放入葡萄干碎、细砂糖、香草精续煮至米烂熟后熄火，加入奶油拌成稠米糊。

2. 取小碗，在内侧刷上薄薄一层植物油，将米糊倒入碗中至八分满，放入开水蒸锅再蒸 5 ~ 6 分钟即可。

宝贝营养指南：

除了提供热量，大米还有帮助调节脂肪和蛋白质代谢的功能，其分解后产生大脑中枢神经的重要养分——葡萄糖，并对提高幼儿的记忆力和学习能力很有好处。葡萄干中的铁和钙含量十分丰富，是儿童、体弱贫血者的滋补佳品，可补血气、防治贫血，常食还对大脑发育有良好的促进作用。

滋味蛋卷饭

食 材

鸡蛋1个，胡萝卜末15克，洋葱末10克，软米饭小半碗，大豆油、食盐各少许。

妈咪巧手做：

1. 将鸡蛋磕入碗中，加一点点食盐打匀，倒入加了大豆油烧热的平底锅中摊成薄蛋饼。
2. 把胡萝卜末和洋葱末用少许大豆油炒至快熟时，加入软米饭，调入一点食盐拌炒均匀。
3. 将炒好的软米饭平摊于鸡蛋饼上，卷成蛋卷，然后切成小段给宝宝食用。

宝贝营养指南：

这是一款妈妈为宝宝精心设计的辅食，形状可爱、色彩诱人、营养搭配合理，足以引起宝宝的食欲。制作时也可在饭中再添加一些切碎的青菜或肉末，以增加口味的变化，丰富营养搭配。

小贴士

妈妈应注意在做此蛋卷饭时要尽量少放油，成品宜保持清淡。

食 材

鸡蛋2个，去皮胡萝卜、去皮黄瓜、四季豆各15克，干香菇1朵，食盐、高汤、植物油各少许。

四鲜菜煎蛋卷

妈咪巧手做：

1. 胡萝卜和四季豆下入开水锅焯至将熟时捞起，切碎；干香菇泡软洗净，和黄瓜分别切碎。
2. 鸡蛋打入料理盆中，调入食盐、高汤和切碎的所有蔬菜拌匀。
3. 平底锅倒入植物油烧热，均匀倒入拌好的蔬菜蛋液，在半熟时从一端卷起制成蛋卷，煎至熟透铲出，切成大小适宜宝宝食用的小段即可。

宝贝营养指南：

鸡蛋中含有人体所需的几乎所有营养，配以多种营养丰富的蔬菜，极具补益营养功效，能健脑益智，促进脑部发育，增强抵抗力，是即将断奶和刚断奶的宝宝的理想营养美食。

随着宝宝的长大，母体给予的抗体逐渐消失，有时宝宝会比较容易感冒。这时在保证宝宝饮食营养的同时，可多带宝宝到空气清新的场所散散步，晒晒太阳。

食 材

细面条(鸡蛋或蔬菜味)30克，鲜番茄50克，高汤(鸡肉、鱼肉、猪骨等)、食盐各适量。

鲜汤番茄碎面

妈咪巧手做:

1. 把细面条剪成小短段备用；番茄用开水烫一下，去皮后切成碎丁。

2. 锅内倒入高汤烧开，下入细面条段煮软，加入番茄碎丁，煮至面条熟透，再加一点点食盐调味即可。

宝贝营养指南:

10个月以上的婴儿开始准备断奶了，饮食也正朝着一日三餐的方向过渡，辅食多以稀饭、软饭、软面条为主，加入肉末、鱼肉、碎青菜、土豆、胡萝卜等，在提高营养的同时，丰富宝宝的口味和增加其进食的兴趣，使其进一步锻炼咀嚼能力，为断奶打好基础。

食 材

鸡蛋1个，鲜虾仁3个，生菜20克，高汤、食盐、湿淀粉、香油各少许。

双鲜浇汁蛋羹

妈咪巧手做:

1. 将鸡蛋磕入碗中搅匀，加少许水和食盐调匀，放入烧开了水的蒸锅中蒸熟。

2. 虾仁、生菜处理干净，分别切成碎丁。

3. 小锅内加少许高汤(或清水)烧开，放入虾仁丁、生菜丁，煮熟后用湿淀粉勾芡，出锅浇在蒸好的蛋羹上，再滴上香油即成。

宝贝营养指南:

这款辅食用富含蛋白质和各类矿物质、维生素的虾仁、新鲜蔬菜与鸡蛋搭配，兼顾了各方面的营养，适宜11～12个月的婴儿在断奶前后食用。蔬菜的品种可多样，如用小白菜、油菜、菠菜、生菜、苋菜等均可，再加入点豆腐泥也很适宜。

食 材

番茄2个，豆腐4块，奶酪适量。

番茄豆腐奶酪

妈咪巧手做：

1. 番茄、豆腐洗净，将番茄切丁，豆腐切块。
2. 豆腐放入锅中，煎到两面金黄色。
3. 把番茄和奶酪倒入锅中，搅拌均匀，炒熟即可。

宝贝营养指南：

番茄含有丰富的胡萝卜素、维生素C和B族维生素。豆腐中含有豆类的营养，有助于改善宝宝的胃口，促进宝宝健康成长。

食 材

鸡蛋2个，净洋葱10克，净香菇15克，鸡汤150毫升，植物油、食盐、香油、湿淀粉各少许。

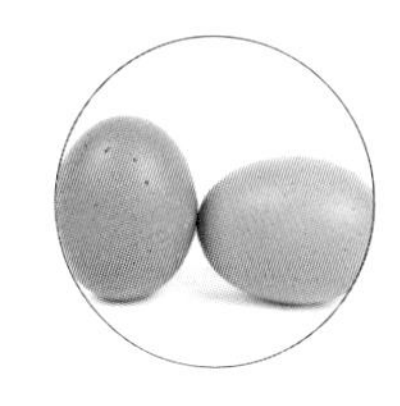

鸡汤双鲜煮蛋片

妈咪巧手做：

1. 将鸡蛋磕开，把蛋清、蛋黄分放在两个碗内，分别加入少许食盐和湿淀粉搅拌均匀；洋葱、香菇都切成丁。
2. 取两只盘子抹少许植物油，把蛋清、蛋黄分别倒入盘内，入蒸锅用中火蒸至蛋液结成块，取出冷却后切成小片。
3. 炒锅置火上，放一点植物油把洋葱丁、香菇丁炒香，加入鸡汤，烧开，再用一点儿湿淀粉勾薄芡，加入鸡蛋片，调入食盐、香油，稍煮片刻即成。

宝贝营养指南：

这道辅食鲜嫩可口，营养互补，适宜11个月以上的宝宝食用。为准备断奶或刚断奶的宝宝添加多种蔬菜和丰富食物的组合非常重要，有利于营养的均衡补充，让宝宝更多、更快地去适应各种食物。

食材

猪肉末30克，卷心菜60克，葱末、姜末、植物油、酱油、食盐、湿淀粉各少许。

肉泥卷心菜

妈咪巧手做：

1. 将卷心菜用开水烫一下，切成碎末。

2. 锅中放入植物油烧热，下入猪肉末煸炒至断生，加入姜末、葱末、酱油炒匀，加入适量水，煮软后再加入卷心菜末炒匀并稍煮片刻，调入食盐，用湿淀粉勾芡后再炒匀即成。

宝贝营养指南：

给宝宝适当添加卷心菜，可增进食欲、促进消化、预防便秘，对提高免疫力，预防小儿感冒有良好的作用。此菜以蔬菜、肉类组合，含有婴儿生长发育必不可缺的多种营养素，适合11个月以上的婴儿食用。

这个时期一定要注意宝宝营养的全面，可以不停地变换蔬菜品种，并及时搭配肉类、水产品和蛋。

枣豆小米粥

食材

小米50克，红枣5枚，红豆15克，白砂糖少许。

妈咪巧手做：

1. 将红豆洗净用清水泡涨；小米、红枣分别洗净，将红枣去核。
2. 粥锅中加适量水置火上，先下入红豆煮至半熟，再加入小米、红枣，以小火熬煮至米烂、粥黏，调入白砂糖搅匀即可。

一般在宝宝身体状况良好时才适宜给其断奶，若这个时期宝宝身体虚弱或有病，则应推迟断奶时间，否则对宝宝的健康有不利影响。

宝贝营养指南：

吃小米可防止消化不良，有滋阴养血、补充脑力的功效，能很好地调养身体虚弱，是婴儿良好的保健食物。此粥材料营养互补，可健胃安眠，调理虚弱。

食 材

黄鱼肉100克，去皮胡萝卜30克，莴笋叶10克，去皮莴笋、芹菜各15克，鸡汤适量，花生油、香油、食盐、湿淀粉、姜末各少许。

蔬菜鸡汤黄鱼羹

妈咪巧手做：

1. 将黄鱼肉洗净，去净刺后切成碎粒；胡萝卜、去皮莴笋、芹菜都切成粒；莴笋叶洗净后切碎。
2. 锅中放入花生油烧热，爆香姜末，倒入鸡汤烧开，放入黄鱼肉粒、胡萝卜粒煮约3分钟。
3. 加入芹菜粒、莴笋粒、莴笋叶末以中火煮透，调入食盐，以湿淀粉勾芡，再淋入香油即可。

宝贝营养指南：

黄鱼含有丰富的蛋白质、微量元素和维生素，对婴幼儿有很好的补益作用。但注意吃鱼前要把鱼刺剔除。

食 材

豆腐100克，鸡胸肉25克，洋葱末10克，豌豆20克，鸡蛋1个，香油、淀粉各5克，食盐少许。

清蒸鸡泥豆腐

妈咪巧手做：

1. 豆腐洗净，入锅加水煮片刻，沥去水分，研磨成豆腐泥，摊入抹过香油的蒸盘内。
2. 将豌豆加清水煮至熟软，捞出后研磨成泥。
3. 鸡胸肉剁成细泥，放入碗内，加入洋葱末、鸡蛋、食盐和淀粉，调拌均匀至有黏性，摊在豆腐泥上，再放上豌豆泥，放入开水蒸锅内蒸熟即可。

宝贝营养指南：

这道辅食植物蛋白质与动物蛋白质相互补充，对婴儿生长发育能起到很好的作用，可强壮身体，健脑益智，提高抵抗力。这个时期的婴儿马上就要断奶，合理的饮食和营养的衔接对宝宝的健康发育至关重要。妈妈还可灵活掌握不同蔬菜、肉类食物品种的搭配。

食 材

鸡胸肉 50 克，甜玉米 30 克，大米 50 克，芹菜末 10 克，淀粉、食盐各少许。

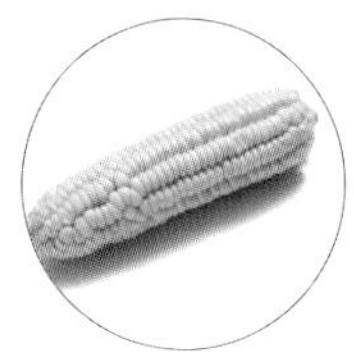

玉米芹香鸡末粥

妈咪巧手做：

1. 将大米洗净，入粥锅加适量水置火上煮粥。
2. 鸡胸肉剁成细末，加入少许淀粉和食盐，待粥刚熟时放入粥内同煮。
3. 加入甜玉米粒煮熟，撒入芹菜末，再调入一点点食盐，稍煮片刻即成。

宝贝营养指南：

甜玉米香、脆、甜，蛋白质含量比普通玉米高，它富含维生素 A、维生素 B_1、维生素 B_2、维生素 E 等多种维生素，各类矿物及纤维素含量也较高。此粥食材搭配巧妙，口味、营养很适合 11 个月以上的婴儿。如果用罐装甜玉米粒，口感、风味会更好。

食 材

猕猴桃果肉 30 克，鸡蛋 1 个，牛奶 15 毫升，奶油、白砂糖、植物油各少许。

可口猕猴桃煎蛋饼

妈咪巧手做：

1. 将猕猴桃果肉切成小丁，加入奶油、白砂糖拌匀；鸡蛋打入碗内，加牛奶搅匀。
2. 平底锅倒入植物油滑匀锅面并烧热，倒入鸡蛋液，转动锅身，使蛋饼薄厚均匀，待凝固时倒入猕猴桃丁，将蛋饼对折成半圆，猕猴桃丁包入其中，继续煎至两面金黄，熟透时出锅。

宝贝营养指南：

这道辅食的食物设计和搭配新颖，口味好，能引起宝宝的食欲。作为 10 ~ 12 个月婴儿的食物，常食不但能补充足量营养，有利于大脑和智力的发育，而且有助于消化，可防止便秘。猕猴桃的维生素 C 含量很高，宝宝情绪低落时，吃些猕猴桃有很好的调节作用。

蛋香蛤蜊

食 材

蛤蜊150克，鸡蛋2个，姜片、盐适量。

妈咪巧手做：

1. 将新鲜的蛤蜊放入盐水中浸泡几个小时，刷洗干净。
2. 锅中水烧开，放入姜片，煮沸，再放入蛤蜊。把先开壳的先捞起来。
3. 将鸡蛋打散，加点盐，按1：1的比例加入煮蛤蜊的水，搅拌均匀。
4. 将蛋液倒入蛤蜊中，放入蒸锅中大火蒸10分钟即可。

宝贝营养指南：

新鲜的蛤蜊营养丰富，肉质鲜美，与蛤蜊同蒸出来的蛋，非常嫩滑，很适合孩子吃。

小贴士

蛤蜊一定要买新鲜的。放入盐水中泡是为了让蛤蜊把泥土吐干净。蛤蜊的壳一定要刷干净。新鲜的蛤蜊本身就有甜味，无需再加其他的调料。

浓香芋泥羹

食材

芋头200克，小葱30克，干香菇3朵，圣女果3颗，盐适量。

妈咪巧手做：

1. 将干香菇泡发，切成末备用；切一点小葱花备用；圣女果切成小丁备用。
2. 芋头用水冲洗干净，对半开，蒸熟去皮切碎。锅里倒一点油，五成热时放入芋头和香菇。
3. 打发鸡蛋，慢慢倒入锅内和芋头混合。锅内不停搅拌鸡蛋，融合均匀。
4. 继续用小火煮到有点沸腾就加一点点盐和圣女果丁，再煮一会儿就可以吃了。

宝贝营养指南：

芋头富含蛋白质、钙、磷、铁、钾、镁、钠、胡萝卜素、烟酸、维生素C、B族维生素、皂角苷等多种成分。所含的矿物质中，氟的含量较高，具有洁齿防龋、保护牙齿的作用。其丰富的营养价值，能增强宝宝的免疫力。这道菜清淡，热量较低，蒸烂煮透，加上干香菇的香味，吃起来滑滑香香的，宝宝很喜欢吃。

食材

鲜净鱼肉100克，面粉100克，鸡蛋1个，猪肉末30克，青菜30克，香油、儿童酱油、食盐、鸡汤各少许。

鲜美鱼肉饺

妈咪巧手做：

1. 将鱼肉剔净鱼刺，切碎，剁成细末，加入猪肉末、鸡汤搅成稠糊状，调入食盐、儿童酱油，继续搅拌均匀，再加入切碎的青菜、香油，拌制成馅。
2. 将面粉、鸡蛋和少许温水和匀，揉成面团，揪小面剂，擀成小饺子皮，放上馅包成饺子。
3. 饺子全部包完后，以常法将饺子煮熟，捞出待稍凉后给宝宝食用。

宝贝营养指南：

馅料中的蔬菜尽量选用宝宝喜欢的，也可再加入一些豆腐。宝宝准备断奶时，在平衡食物营养的同时，为了提高他的进食兴趣，在食物制作上应多些变化，如做些饺子、馄饨、包子或混合蔬菜和肉的软饭等。

食材

猪瘦肉末25克，卷心菜叶30克，番茄、胡萝卜、圆椒各10克，食盐少许，高汤适量。

什锦蔬菜瘦肉汤

妈咪巧手做：

1. 将卷心菜、番茄、胡萝卜、圆椒都处理干净，分别切成碎末。
2. 将猪瘦肉末、胡萝卜末、圆椒末、卷心菜末一起放入锅内，加入高汤，置火上煮至熟软，再加入番茄末略煮，放入少许食盐调味，有淡淡的咸味即可。

宝贝营养指南：

由于宝宝牙齿还没有长齐，菜还是应做得细软一些，以利于消化吸收。宝宝满10个月后，可开始逐步让其过渡到以一日三餐为主，早、晚牛奶为辅的饮食结构，要特别注意菜、肉、鱼、蛋、饭、果等各类食物的合理搭配。

食 材

土豆200克，番茄60克，玉米粒30克，洋葱末40克，奶油20克，鸡蛋1个，食盐、熟芝麻各少许，面包粉、植物油各适量。

什锦奶香土豆饼

妈咪巧手做：

1. 将玉米粒、番茄焯水，把番茄去皮，切成丁；洋葱末与奶油一同炒软。
2. 土豆洗净，煮熟，去皮后压磨成泥，加入玉米粒、番茄丁、洋葱末、熟芝麻、食盐拌匀。
3. 取适量土豆泥捏成椭圆状，先沾一层鸡蛋液，再裹匀一层面包粉（依此法将全部土豆饼做好），放入烧热植物油的锅中稍炸，至微呈金黄色时捞起沥油后装盘。

宝贝营养指南：

土豆营养全面且易于消化，其营养价值甚至高于苹果，尤其是可为宝宝提供充足的碳水化合物。11个月以上的宝宝可能会不喜欢吃蔬菜，多变一些花样，比如把不同的蔬菜包进饺子、馄饨、包子里，或荤素搭配做成菜泥，或以多类食物组合，烹调方法多变，才有利于宝宝增加进食蔬菜。

食 材

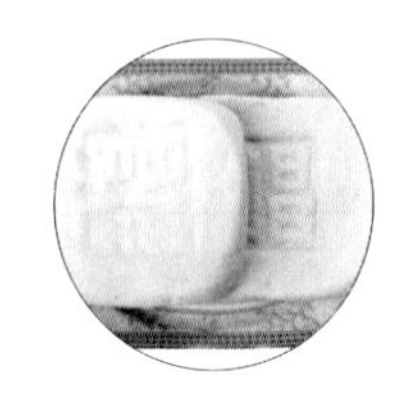

去除边皮的豆腐100克，鸡蛋1个，豌豆20克，虾仁25克，苋菜15克，肉汤、食盐、淀粉各少许。

鸡蛋三鲜炖豆腐

妈咪巧手做：

1. 将豆腐压磨成豆腐泥，放入蒸碗，拌入打散的鸡蛋，调入少许食盐拌匀。
2. 豌豆煮熟，去除外皮后研磨成泥，铺在豆腐泥四周，入锅蒸熟。
3. 苋菜洗净切碎；虾仁洗净，沥干，切成碎丁，用少许食盐、淀粉拌匀后略腌。
4. 将肉汤和淀粉拌和，倒入锅内烧开，放入碎虾仁煮熟，再加入苋菜末，烧至汤汁黏稠时，出锅浇在蒸好的鸡蛋豆腐上即可。

宝贝营养指南：

多种食物搭配，使营养更丰富，味道更鲜美，对于即将断奶的宝宝来说，既适合口味、利于消化，又有助于断奶后所需各种营养的补充，特别是有助于大脑、骨骼、内脏器官及牙齿的健康发育。

鸡汤炖豆腐软饭

食材

大米100克，豆腐150克，青菜100克，鸡汤（或鱼汤、排骨汤）适量，食盐少许。

妈咪巧手做：

1. 将大米淘洗干净，入锅加适量水，煮制成软饭。
2. 豆腐用开水稍煮一下，捞出待凉后剁（或研磨）成豆腐泥；青菜洗净后用开水焯一下，沥干，切成末。
3. 把蒸好的软饭放入小锅内，加入鸡汤用小火煮至软烂，再加入豆腐泥、青菜末，调入食盐，稍煮片刻即可。

宝贝营养指南：

新鲜的蔬菜配上豆腐、鸡汤入饭，营养互补，口味鲜美，很受宝宝的喜欢，可以作为这个时期宝宝主食的一个选择。蔬菜的品种可以丰富一些，根据时令调换，适宜宝宝常食用的有油菜、胡萝卜、香菇、小白菜、苋菜等。此饭如果再加入些切碎的瘦肉、鸡肉或鱼肉，营养价值会更高，妈妈可根据宝宝的身体和需要整体安排。

食材

菠菜50克，洋葱10克，牛奶20毫升。

菠菜洋葱牛奶羹

妈咪巧手做：

1. 将菠菜清洗干净，放入开水中氽烫至软后捞出，挤去水分，选择叶尖部分仔细切碎成泥状；洋葱洗净，剁成泥。

2. 将菠菜泥与洋葱泥放入锅中，加入100毫升水，用小火煮至黏稠状，出锅前加入牛奶略煮即可。

宝贝营养指南：

此汤羹原料丰富，色泽清新，口感嫩滑，营养搭配均衡。其中菠菜含有丰富的氨基酸、维生素、矿物质和叶绿素，可以促进宝宝营养均衡，提高宝宝的机体免疫力，增强抗病能力。牛奶能补钙，洋葱则能增进食欲，改善消化。它会让宝贝在开心吃的同时，吸收到足够的营养。

食 材

鹌鹑蛋16个，白糯米、黑糯米、猪肉馅、洋葱碎、生姜末、五香粉、盐、糖、鸡蛋液、淀粉各适量。

鹌鹑蛋糯米丸子

妈咪巧手做：

1. 两种糯米分别用水泡12小时以上，用时将水控净；鹌鹑蛋煮熟，去壳备用。
2. 猪肉馅中加入洋葱碎、生姜末、五香粉、盐及少许的糖，加入少许鸡蛋液搅拌均匀。
3. 加少许淀粉，用手抓均匀。
4. 鹌鹑蛋先沾些鸡蛋液，外裹一层肉馅，再放入泡好的白糯米或黑糯米里滚一下，用手捏紧裹匀，放盘子上。
5. 入蒸锅在大火上蒸15分钟即可。

宝贝营养指南：

鹌鹑蛋含蛋白质、脑磷脂、卵磷脂、赖氨酸、胱氨酸、维生素A、维生素B_2、维生素B_1、维生素D、铁、磷、钙等营养物质。加上外面一层软软的糯米，吃起来味道鲜美，营养丰富。

食 材

嫩豆腐200克，草菇50克，水面筋15克，油菜40克，冬笋30克，香油、高汤、盐各适量。

草菇豆腐羹

妈咪巧手做：

1. 将嫩豆腐、冬笋、水面筋均切成小丁。
2. 草菇去杂质，洗净，切成小丁。
3. 油菜叶洗净切碎。
4. 炒锅下油，烧至八成热时，加入高汤、盐、豆腐丁、草菇丁、冬笋丁、面筋丁，烧沸。
5. 最后加点盐，淋上香油，出锅装碗即可。

宝贝营养指南：

草菇的维生素C含量高，能促进人体新陈代谢，提高机体免疫力，增强儿童抗病能力。豆腐及豆腐制品的蛋白质含量丰富，而且豆腐蛋白属完全蛋白，不仅含有人体必需的8种氨基酸，而且比例也接近人体需要，营养价值较高。

PART 5

整个婴儿期：宝贝健康调理营养餐

宝宝的补脑益智营养餐

大脑发育的黄金期

人的智力发育是一个长期过程。年龄越小，大脑的生长发育越快。大脑发育的第一个黄金阶段是从怀孕到孩子出生前的胎儿期，大脑的发育非常迅速，一般孩子出生时，大脑已经有100亿～180亿个脑细胞，已接近成人。

大脑发育的第二个黄金时期是人出生后的头2年，这个阶段脑发育最快。新生儿出生时脑重350～380克，脑重量是成人脑重的25%；到6月龄时脑重增加到600～700克，为出生时的2倍，占成人脑重的50%；2岁时脑重达900～1200克，为出生时的3倍，约占成人脑重的75%；3岁时脑重接近成人脑重，小脑发育基本成熟，一般在3～4岁神经髓鞘化基本完成，此后发育速度减慢。

人的脑神经细胞分化增殖到2岁时就基本完成，即2岁之前是脑细胞数量的增长期，2岁之后脑细胞一般不再增多，只是脑细胞的重量和体积增大或形态结构发生变化。因此，在2岁之前的婴幼儿期，脑细胞处于分化增殖期，合理、全面的营养供给对大脑和日后智力的发育极其重要。

婴幼儿时期是心理发展和学习的关键期，

年龄越小，发展越快。在 3 岁以下，特别是 1 岁以下，小儿的智力发育是日新月异的。此时最易获得知识和行为经验，也是学习的关键期。

因此，供给大脑充足的营养和提供良好的成长环境是影响宝宝智力发展的主要因素。

抓住宝宝的补脑益智营养素

膳食中的一些营养素与大脑的生长发育、记忆力、想象力和思维分析能力的关系相当密切。通过调节膳食中的营养素，在辅食中补充一些能健脑和增进脑力的食物，保持全面营养，有助于提高和促进宝宝的智能发展。

婴幼儿大脑的发育和智力的增长需要消耗相对较多的能量，足够的葡萄糖供给是必不可少的。一般富含淀粉的食物，如米、面、薯类、豆类等，在人体代谢过程中会产生大量的葡萄糖供机体利用，而动物血液中所含的葡萄糖可直接被人体利用。一般水果中亦含有丰富的葡萄糖，如柑橘、西瓜、甜瓜、哈密瓜等，可在辅食中适当添加。

蛋白质是构成脑细胞和脑细胞代谢的重要营养物质，可以营养脑细胞，保持旺盛的记忆力，加强注意力和理解能力。因此，婴儿膳食中蛋白质的质和量是提高脑细胞活力和促进智力的重要保证，否则可能会影响大脑发育。对于婴儿来说，奶类、鱼肉、豆制品、瘦肉、蛋类都是补充蛋白质不可缺少的食物来源。

磷脂在脑细胞和神经细胞中含量较多，包括脑磷脂和卵磷脂等，具有增强大脑记忆力的功能，并与神经传递有关，关系着大脑反应的灵敏性。婴儿正处于生长发育的旺盛时期，为了保持和促进大脑健康发育和初期智力拓展，辅食中适当加入动物的脑（骨）髓、猪肝、鱼肉以及豆制品、鸡蛋（尤其是蛋黄）和磨碎的坚果（如核桃粉、芝麻粉等）是非常有益的。

谷氨酸能改善大脑机能，促进活力，它还能消除脑代谢中的“氨”的毒性。因此，婴儿辅食中应适当添加些含谷氨酸较多的食物，如大米、黄豆制品、牛肉、奶酪和动物肝脏等。

磷是一种大脑活动必需的介质，它不但是组成脑磷脂、卵磷脂和胆固醇的主要成分，而且参与神经纤维的传导和细胞膜的生理活动，参与糖和脂肪的吸收与代谢。适宜婴儿进食的含磷丰富的食物主要有虾皮、干贝、鱼、蛋、鸡肉、牛奶及乳制品和全谷类食物等，在辅食中适当添加这些食物对大脑的智力活动十分有益。但应注意磷与钙应按 1 ：2 的比例供给，否则，磷摄入过多会影响钙的吸收。

维生素 B_1 和烟酸这两类维生素通过对糖代谢的作用而影响大脑对能量的需求。维生素 B_1 还可消除大脑疲劳，协助供给脑细胞营养。维生素 B_1 含量较丰富的食物有牛奶、瘦肉、动物内脏、豆类及豆制品、谷类等，而烟酸含量较丰富的食物有谷类、瘦肉及动物内脏等。

婴幼儿缺乏锌、铜、锂、钴会影响智力的发展，甚至可引起某些疾病，如大脑皮质萎缩、神经发育停滞等。其中锌、铜对促进发育、提高智力有重要作用。适宜婴儿的含锌丰富的食物有牡蛎、鱼、肉类、肝、蛋和磨碎的花生、核桃等，而含铜较为丰富的食物有动物肝、肾、肉类、豆制品和叶类蔬菜、坚果等。

许多鱼类食物中含有能使脑细胞更活跃的DHA（二十二碳六烯酸，俗称“脑黄金”），因此适当多吃鱼能让宝宝更聪明。而维生素 B_{12} 具有与 DHA 一样的功效，也能帮助头脑活性化。维生素 E 可以防止脑细胞膜老化，保持大脑活力。而同属于 B 族维生素的胆碱和生物素，也在供给脑细胞营养方面扮演着重要角色，其中胆碱还能进入脑细胞，制造帮助记忆的物质，对健脑益智很有益处。此外，充足的维生素 C 可使头脑敏锐，思维敏捷；充足的钙有利于大脑持续工作；足量的脂肪可使脑功能健全；维生素 A 能促进大脑发育。

这些营养要靠合理的膳食搭配来长期、均衡地向人脑供应。有些宝宝的膳食中碳水化合物、蛋白质和脂肪偏多，也会影响智力的发育。因此，灵活安排宝宝的食谱，合理的蛋白质摄取，减少食物中维生素的损失，是让孩子的大脑得到充分发育的营养基础。

宝宝适宜的补脑食物

许多适宜婴儿补脑健智的食品都是廉价又普通之物，在这里专门推荐几种：

除了母乳外，牛奶是宝宝近乎完美的营养品。即使是母乳喂养，在婴儿 7 月龄后也应添加配方牛奶。它健脑作用突出，易被人体吸收。睡前喝点儿奶还有助于睡眠。由于纯牛奶中各营养成分的比例与母乳不一致，故建议宝宝在 2 岁前喝经过比例调整并添加了多种维生素及微量元素的配方奶。

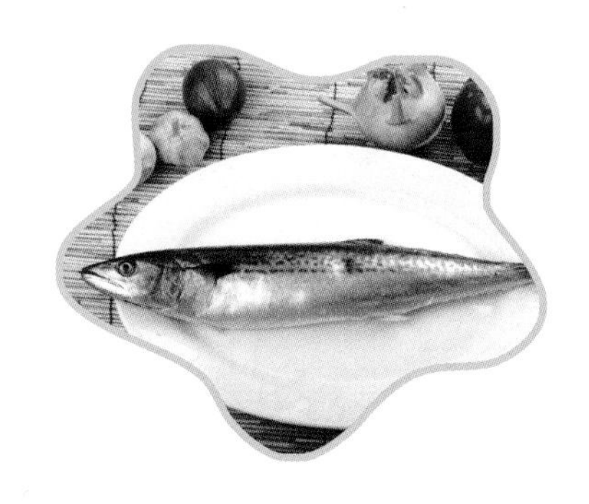

蛋类所含营养与大脑活动功能、记忆力强弱密切相关，婴儿期开始从每天加入蛋黄到吃整蛋，对大脑发育很有益处。而鹌鹑蛋含有丰富的卵磷脂、脑磷脂和 DHA，健脑作用突出。

鱼肉可向大脑提供优质蛋白质、钙和多种微量元素，而淡水鱼所含的脂肪酸多为不饱和脂肪酸，能保护脑血管，对大脑细胞活性有促进作用。

虾的含钙量极高，摄取充足的钙可保证大脑处于最佳工作状态，还可预防其他缺钙引起的儿科疾病。适量吃虾皮，对增强记忆力和预防软骨病都有益。

玉米胚中富含多种不饱和脂肪酸，有保护脑血管和降血脂的作用，尤其是含谷氨酸较高，能促进脑细胞代谢，有健脑作用。给宝宝常做些用玉米(尤其是鲜玉米)做的辅食，可促进大脑发育。

黄花菜是“忘忧草”，能安神解郁。适当给宝宝吃点黄花菜，对促进宝宝睡眠和保持良好的精神状态有益。但要注意的是，一定要把黄花菜剁碎切细。

橘子含有大量维生素 A、维生素 B_1 和维生素 C，属典型的碱性食物，可以消除酸性食物对神经系统造成的危害。婴儿辅食中加点橘子，可促进大脑的活力，使宝宝精力充沛。

菠菜属健脑蔬菜，它含有丰富的维生素 A、维生素 C、维生素 B_1 和维生素 B_2，是脑细胞代谢的“最佳供给者”之一。此外，它还含有大量叶绿素，也有健脑益智的作用。

豆腐、豆腐花等豆制品富含大脑必需的优质蛋白和人体必需氨基酸及大豆卵磷脂，钙含量也多，能强化心脑血管的功能。但豆类含植物雌激素，故不宜多吃。

豆制品都有改善血液循环、营养大脑、增强记忆、消除脑疲劳的作用，健脑益智功效突出。但在给婴儿添加时，应磨碎后再做，可直接做糊，也可加入粥和各类食物泥、糊中。另外，杏仁、松子、榛子等也都是很好的健脑佳品，可适当选用。

还有许多蔬菜、水果和动物性食物都有健脑益智的功效，如南瓜、小白菜、胡萝卜、豌豆、桂圆、红枣、香蕉和动物脑髓类、动物肝、银鱼等。每天做辅食时适当搭配一些健脑食物，是促进婴儿大脑发育和智力发展不可缺少的。

豆腐蛋粥

食材

豆腐1块，鸡蛋1个，白粥1小碗。

妈咪巧手做：

1. 把豆腐洗净后切成小块；鸡蛋打入碗中，搅匀。
2. 锅内白粥兑入少量清水，煮开后放入豆腐丁。
3. 慢慢倒入鸡蛋液，用筷子搅动，煮至蛋熟即可。

宝贝营养指南：

豆腐是容易吸收和消化的黄豆制品，但其所含的蛋白质氨基酸不完整，需要和谷类一起食用，才可达到营养上的完整。再加上鸡蛋所含的优质蛋白质，更加能帮助骨骼和脑部发育。

小贴士

有腹胀、腹泻症状的宝宝不能多食豆腐，否则会加重病症。

杏仁苹果豆腐羹

食材

老豆腐50克，苹果30克，熟杏仁10克，香菇适量，淀粉、盐少许。

妈咪巧手做：

1. 将豆腐切成小块，置水中泡一下捞起；香菇搅成蓉和豆腐煮沸，用盐调味，用淀粉勾芡成豆腐羹。
2. 杏仁去衣，苹果切粒，同搅成糊。
3. 待豆腐羹冷却后加杏仁苹果糊拌匀即成。

宝贝营养指南：

杏仁鲜甜，维生素A含量丰富，是一种高蛋白食品，对生长期的儿童特别有益。同时杏仁有祛痰止咳、平喘、润肠的作用，对感冒咳嗽的宝宝有止咳作用。苹果性温，含有丰富的维生素、碳水化合物和微量元素，是所有蔬果中营养价值最为完美的水果之一，加上质地柔嫩的豆腐，营养非常容易被人体吸收。

食 材

鸡蛋1个，粳米50克。

蛋花粥

妈咪巧手做：

1. 将鸡蛋磕入碗内，用筷子搅匀；粳米淘洗干净，待用。

2. 锅置火上，倒入适量清水，放入粳米，水沸后，改用小火继续煮至米开花，将鸡蛋倒入沸粥中，稍煮片刻即成。

宝贝营养指南：

鸡蛋有滋阴润燥、养血安神、增强免疫力、护眼明目的功效。鸡蛋与粳米煮成粥，具有补益五脏的功效。

食 材

鸡蛋黄1个，鲜鱼肉、豆腐各50克，豌豆10克，麻油、盐、生抽、白砂糖、葱花各少许。

蒸鱼肉豆腐

妈咪巧手做：

1. 豌豆清洗干净，用沸水汆一下；豆腐洗净，用沸水烫一下，切丁备用。

2. 将鱼肉和葱花、麻油、生抽、盐、砂糖搅匀，按平后切成三角块。

3. 豆腐丁铺在碟子上，将鸡蛋黄打散淋在豆腐丁上，再放上鱼肉三角块盖起来，撒上豌豆，隔水用大火蒸12分钟即成。

宝贝营养指南：

鱼肉营养丰富，蒸鱼肉豆腐是一道益气健脾、益智健脑，调理身心的菜，还能治宝宝腹泻，预防心血管疾病。

食 材

鸡蛋黄 50 克，牛奶 20 克，苹果 10 克，橘子 10 克，玉米粉 5 克，糖粉 3 克。

水果奶蛋羹

妈咪巧手做：

1. 将玉米粉与糖粉放入锅中搅匀，加入蛋黄再次搅匀；苹果洗净捣成苹果泥。

2. 将温牛奶慢慢倒入锅中，边倒边搅拌，用小火熬煮至黏稠状。

3. 最后，将橘子瓣捣烂同苹果泥一同放在奶羹上即可。

宝贝营养指南：

苹果中的胶质和微量元素“铬”能保持血糖的稳定，多吃苹果可改善呼吸系统和肺功能。橘子富含维生素 C 与柠檬酸，橘子内侧薄皮含有膳食纤维及果胶，可以通便。牛奶中富含维生素 A，能使皮肤白皙、有光泽；含有大量的维生素 B_2，可以促进皮肤新陈代谢。蛋黄中的卵磷脂被人体消化后可以释放出胆碱，胆碱通过血液到达大脑，可增强宝宝记忆力。

食 材

山药 60 克，鸡脯肉 50 克，粳米、枸杞各适量，姜、胡萝卜、葱丝、盐少许。

山药鸡肉粥

妈咪巧手做：

1. 将山药洗净，胡萝卜去皮。姜切末，胡萝卜切小丁。鸡肉剁成鸡肉泥。

2. 粳米淘几遍，放清水泡半小时，再放入砂锅，加足量水，中火烧开，转小火。

3. 平底锅放油，先放姜末煸炒一下，再放入鸡肉泥煸炒出水汽。

4. 粳米炖约半小时后，将炒好的鸡肉泥放入砂锅内，搅拌一下。

5. 山药去皮，切丁，和枸杞一起加入砂锅。倒入胡萝卜，炖约 10 分钟，放点盐，停火闷 5 分钟，搅匀，出锅，加点葱丝。

宝贝营养指南：

山药对人体有特殊的保健作用，具有健脾、补肺、固肾等作用，能保持消化道、呼吸道及关节腔的滑润，还有促进蛋白质吸收及强身、镇静的作用。加上鸡肉的营养，非常适合宝宝食用。

宝宝补钙营养餐

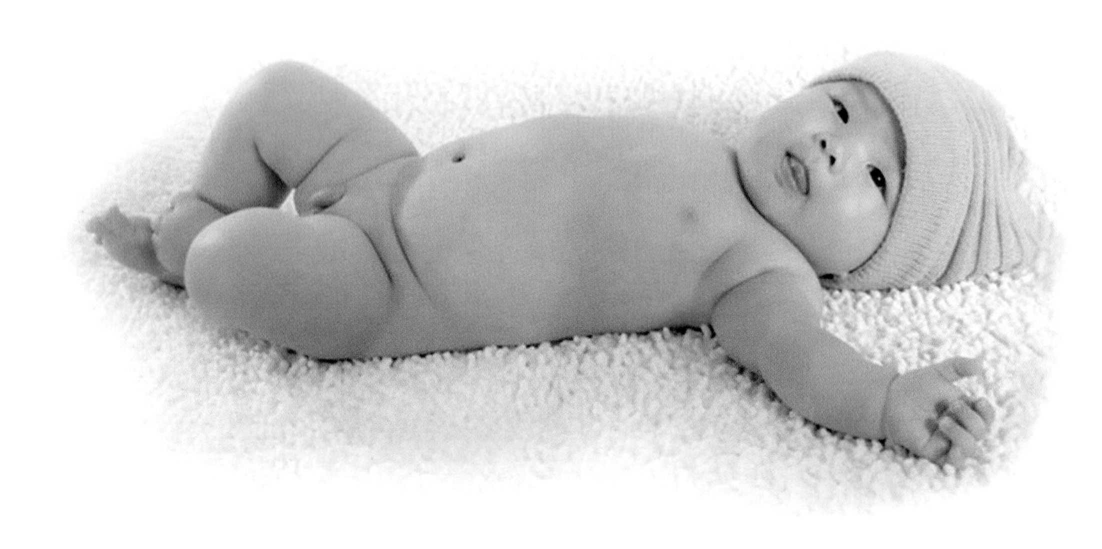

宝宝缺钙的表现

不少妈妈都不知该怎样判断宝宝是否缺钙。专家提醒，如果宝宝出现以下情况，很可能就是缺钙了。（从医学角度说，应该是钙的吸收出现问题了，其实质是维生素 D 的摄取不足或吸收障碍。）

缺钙常表现为多汗，即使气温不高，也会出汗，尤其是入睡后头部出汗，并伴有夜间啼哭、惊叫，哭后出汗更明显。部分小儿头颅不断摩擦枕头，久之颅后可见枕秃圈。

精神不佳、烦躁，睡眠时易惊醒，而且不如以往活泼，即使是到了新的环境也不太感兴趣。

出牙晚或出牙不齐。一般婴儿 5 ～ 10 个月就要萌生乳牙，但有的小儿 1 岁半时仍未出牙。如在牙齿发育过程中缺钙，牙齿排列会参差不齐或上下牙不对缝，咬合不正、牙齿松动，容易崩折，过早脱落。

前额高突，形成方颅。

怎样给宝宝补钙

在宝宝6个月内，首先应尽量用母乳喂养，确实不能进行纯母乳喂养时，要及时提供婴儿配方奶，因为乳类含钙量最高，且容易吸收。宝宝4～6个月开始添加辅助食物时，应及时补充富含蛋白质、维生素D、钙和磷的食物。刚开始时以新鲜的谷物粥、泥、糊和蛋黄泥、蔬菜泥等为主，等宝宝大些后，可加入奶酪、豆制品、水产品和种类更为丰富的蔬菜等。

婴儿缺钙的最主要原因是维生素D摄取不足，但其在食物中的含量较少。晒太阳是补充维生素D的重要途径，可防止婴儿缺钙，还是预防佝偻病最经济、最有效的方法。在宝宝满月后，就应经常带他到户外空气清新的地方活动，晒晒太阳。夏季也尽可能裸露皮肤（但要注意戴太阳帽以防眼睛受阳光直射），可涂一些婴儿防晒霜；而冬季要做好保暖，一般情况下，每天晒太阳的时间不要少于1个小时。而且家长们必须知道的是，即使每天进食鱼肝油，维生素D也需要经过晒太阳才能被身体利用。

总之，为解决钙摄取不足的问题，适宜的办法首推合理选择并搭配含钙高的食物，如果经饮食调理和经常晒太阳仍然不能满足婴幼儿钙的需要，可考虑膳食之外在医生的指导下适量添加钙剂。一般纯母乳喂养的6月龄内的婴儿不必添加钙剂。人工喂养或混合喂养的婴儿每日可添加100毫克左右；7～36个月婴幼儿每日添加100～200毫克。

宝宝适宜的补钙食物

日常生活中有的食物可作为钙源补充，在宝宝的辅食中可适当添加，这些食物主要有：

牛奶：其营养全面，含钙丰富，更易为人体吸取，可作为婴儿日常补钙的重要食品，但应选用婴幼儿配方牛奶。另外，其他奶类制品如酸奶、奶酪、奶片等，也都是良好的钙来源。

高钙海产品：可将虾皮剁碎添入汤、泥、糊中，或入馅包入小馄饨、小饺子中，十分适宜婴儿补钙食用。

大豆制品：如豆腐、豆浆等都是高蛋白食物，含钙量也很高，是日常辅食中良好的钙来源。

动物骨头：其80%以上都是钙，但是不溶于水，难以吸收，给宝宝制作辅食时可以事先敲碎，加少许醋后用小火慢煮汤。

高钙蔬菜：蔬菜中也有许多高钙的品种，适宜婴儿的主要有雪里蕻、小白菜、油菜、白菜、菠菜等。

另外，黄花菜、紫菜、海带芽、鸡蛋、榛子、核桃、玉米和一些海鱼肉中也都含有丰富的钙，可在辅食中酌情给予添加。

骨汤豆腐糊

食 材

老豆腐50克，
大骨汤适量。

妈咪巧手做：

1. 将老豆腐洗净，切成小块。
2. 豆腐放入锅内，加入大骨汤，边煮边用勺子将豆腐研碎成泥，煮好后放入小碗内，研磨至光滑细腻即可。

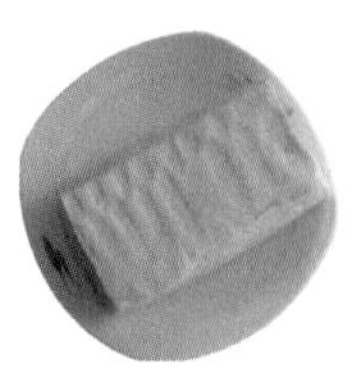

宝贝营养指南：

大骨熬出的汤富含钙，而豆腐及豆制品也是补钙的良好选择。此糊易于消化吸收，有益于宝宝全面发育。

煮豆腐时要注意火候，蛋白质如果凝固就不好消化，故煮的时间要适度。

香甜牛奶蛋

食材

鸡蛋2个，牛奶150毫升，白砂糖10克。

妈咪巧手做：

1. 将鸡蛋的蛋清与蛋黄分开，把蛋清打至起泡，待用。
2. 在锅内加入牛奶、蛋黄和白砂糖，混合均匀后用微火稍煮一会儿，再用勺子把调好的蛋清舀入牛奶蛋黄内，煮熟即成。

宝贝营养指南：

牛奶所含的脂肪与母乳相近，而蛋白质却高于母乳，含有全部人体必需的氨基酸，钙含量也较高；鸡蛋含有人体所需要的几乎所有营养物质，但含钙量却相对不足。牛奶和鸡蛋搭配营养互补，对骨骼、大脑的发育很有益。

制作牛奶蛋的关键是蛋黄、蛋清一定要分开，牛奶、蛋黄先用微火煮一会儿，再下入蛋清同煮。

食 材

鸡蛋1个，海米末5克，番茄末、小白菜末各15克，清高汤、香油、湿淀粉、食盐各少许。

三鲜蒸蛋羹

妈咪巧手做：

1. 将鸡蛋磕入碗内，按1：1的比例加入温开水和少许食盐、香油，搅匀待用。
2. 蒸锅用大火把水烧开，把鸡蛋液上锅蒸成豆腐脑状的蛋羹。
3. 炒锅内加入清高汤烧开，然后放入海米末、小白菜末、番茄末和食盐，煮熟后用湿淀粉勾芡，浇在蛋羹上。

宝贝营养指南：

此蛋羹营养全面，特别是海米、小白菜、鸡蛋都能为宝宝提供丰富的钙、铁、锌及各种维生素，有利于生长发育。

新鲜蔬菜的品种可以多样化，如小白菜、油菜、菠菜、卷心菜、苋菜、豆苗等都可，加入些豆腐泥也很适合宝宝补钙。

食 材

鸡蛋2个，猪里脊肉20克，银鱼15克，植物油、柴鱼粉、葱花、食盐各少许。

银鱼蒸蛋羹

妈咪巧手做：

1. 将鸡蛋磕入蒸碗中搅匀；猪里脊肉剁成末；银鱼洗净。
2. 在鸡蛋液中加入适量清水拌匀，再放入猪里脊肉末、银鱼、柴鱼粉、植物油、食盐调匀。
3. 将拌好的鸡蛋液放入水烧开的蒸锅中用大火蒸2分钟后转中火蒸约8分钟，撒上葱花即可。

宝贝营养指南：

银鱼营养丰富，含有蛋白质、脂肪、维生素、钙、磷、铁等多种营养成分，有滋阴润肺、宽中健胃、补气利水的功效，适合10个月的宝宝食用。没有柴鱼粉时可以省去不放。

食 材

黑芝麻50克，花生仁30克，大米25克，白砂糖10克，牛奶100毫升。

奶香花生黑芝麻米糊

妈咪巧手做：

1. 大米淘洗后泡水2小时；花生仁去掉外膜；黑芝麻放入锅中干炒香后研磨碎。
2. 将大米沥干，与花生仁、黑芝麻碎一起放入搅拌机中，加少许水打碎打匀。
3. 小锅中加少许水煮沸，倒入打好的芝麻花生大米浆，加入白砂糖煮成糊状，最后倒入牛奶煮开即可。

宝贝营养指南：

黑芝麻有益肝、补肾、养血、润燥、强骨、乌发、美容作用，其含钙和铁都异常丰富，在辅食中适量添加，对宝宝骨骼、牙齿的发育非常有益。加入大米、花生、牛奶搭配，还可补肝肾、健脑力，调理身体虚弱。

食 材

嫩豆腐100克，海米5克，清鸡汤适量，酱油、香油各少许。

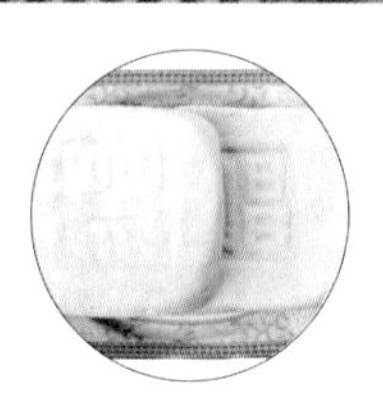

蒸鸡汤海米豆腐

妈咪巧手做：

1. 把嫩豆腐切成小块，用开水焯一下，捞出装碗。
2. 海米用温水泡软，切成末，放入嫩豆腐中，加入少许酱油、香油和清鸡汤，放入蒸锅蒸熟即可。

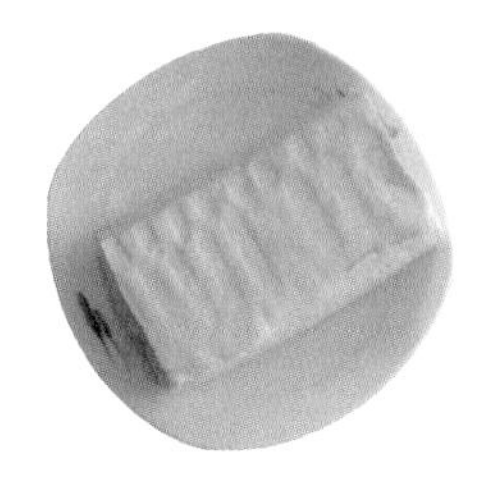

宝贝营养指南：

豆腐和海米都是钙的极佳食物来源，两者组合是食物补钙的理想选择。另外，虾皮中含有丰富的蛋白质和钙，有“钙库”之称，是很好的补钙食物，因此还可选用虾皮代替海米来做。

宝宝补铁营养餐

怎样给宝宝补铁

缺铁性贫血是婴幼儿最易患的贫血类型。轻微的缺铁性贫血可能没有什么症状，但严重时宝宝则会伴有皮肤苍白、无精打采、烦躁易怒、活动后呼吸急促和嘴部、舌头疼痛等症状。因此，在饮食上让宝宝摄取充足的铁极其重要。作为造血原料，铁在机体代谢中有非常重要的作用，食物铁的吸收率和利用率不高，宝宝就容易缺铁。

对于4个月以内的小婴儿来说，一般不需要补铁，这是因为婴儿出生后体内有储备铁，可以逐步释放以满足机体所需，而且母乳中含有的铁虽然量不多，但吸收率却高达60%以上，足以满足婴儿对铁的需要。但是当婴儿长到4～6个月时，体内的储备铁即将耗尽，此时就应开始注意补铁，以防缺铁性贫血的发生。

4～6月龄的婴儿，如果没有缺铁性贫血的症状，只需添加含铁丰富的食物就可以了。

可给予强化铁的配方奶粉和米粉糊、蛋黄和富含维生素 C 的果汁、果泥等。到婴儿 7 个月后，还可添加肉末、肝泥、鱼泥、动物血等辅助食品。一般而言，健康的婴儿，只要饮食营养均衡，其膳食中的铁供给充足，就能满足其生长发育的需要。

需要注意的是，铁质的完全吸收需要维生素 A、维生素 C、B 族维生素的相互协助，而动物类食物里的原血红素铁比植物类食物所含的铁更容易被人体吸收。

另外，食品的加工烹调方法对于食品的含铁量有很大影响，比如小麦加工成精白面后，铁含量就显著降低；蔬菜在水中煮熟后将水倒掉，铁损失达 20%；用铁质炊具烹调食物可明显提高膳食中铁的含量。需注意的是，过多地摄入维生素 E 和锌也会影响铁的吸收。

对于患缺铁性贫血的婴儿，补充铁剂仍是首选的方法。一般情况下，应在医生指导下给婴儿服用铁剂，1 ~ 2 周后血中血红蛋白浓度就会开始回升，继续服用 3 个月就能使贮备铁得到补充。

另外，与铁搭配摄入的食物是影响铁吸收的重要因素。含维生素 C、维生素 A 丰富的食物及鱼肉、猪肉、鸡肉等动物性食品可以促进铁的吸收，而植物食品中的植酸、草酸及茶叶中的鞣酸都会阻碍铁的吸收。因此，还可适当多补充一些动物的肝、血。

需要提醒家长的是，铁虽然是人体的必需微量元素，但给不缺铁的婴儿补充铁剂，反而会产生很多不利的影响。因此，须根据婴儿体内缺铁的情况来决定补或是不补。

宝宝适宜的补铁食物

适宜给宝宝补铁用的食物主要有：动物肝脏、动物血、瘦肉、蛋黄、鱼肉、鸡、虾、核桃、海带、红糖、芝麻酱、豆类制品和菠菜、油菜、苋菜、荠菜、黄花菜、番茄、木耳、蘑菇等蔬菜，以及桃、葡萄、红枣、樱桃等水果。

动物性食物中的铁较植物性食物中的铁更易于被人体吸收和利用。动物性食物如肝脏、血、瘦肉中的铁质是与血红素结合的铁，含量很高，吸收率最好，在 10% ~ 76% 之间; 豆类、绿叶蔬菜、禽蛋类虽为非血红素铁，但含量也高，可供利用。另外，还可给宝宝吃些富含维生素 C 的水果及蔬菜，如苹果、番茄、橘子、花椰菜、土豆、卷心菜等，有利于促进铁的吸收。

鲜肝泥蒸蛋羹

食材

猪肝30克，鸡蛋2个，食盐、香油各少许。

妈咪巧手做：

1. 将猪肝仔细清洗干净，切成薄片，用开水汆一下，捞出去筋、包膜后再剁成泥，装碗。

2. 把鸡蛋磕入装猪肝泥的碗中，搅匀后加入适量水调匀，调入食盐、香油，放入烧开了水的蒸锅中蒸熟即成。

宝贝营养指南：

这款辅食适宜11个月以上的宝宝食用。猪肝是补铁补血食物中的佼佼者，所含的其他各类营养素也相当丰富，尤其是对宝宝发育有重要作用的维生素A。以其和鸡蛋蒸成蛋羹给宝宝吃，对维持正常生长、大脑发育和健康以及保护眼睛都非常有益。

小贴士

给宝宝食用猪肝要适量，一般每周1～2次即可，吃得太多反而对身体不利。

糖水樱桃

食 材

樱桃 100 克，白砂糖 15 克。

妈咪巧手做：

1. 将樱桃洗净，去叶柄，掏去核，放入锅内。
2. 锅中加入白砂糖及适量水，用小火煮 15 分钟左右，至樱桃煮软后离火。
3. 将樱桃搅烂，倒入小杯内，稍凉后给宝宝喂食。

樱桃性温热，宝宝患热性病及虚热咳嗽时要忌食。

宝贝营养指南：

樱桃营养丰富，含铁量特别高，位于各种水果之首。常食樱桃可补充人体对铁元素的需求，促进血红蛋白再生，既可防治缺铁性贫血，又可增强体质，健脑益智，还对调节食欲不振十分有益。

食材

猪肝30克，番茄60克，猪瘦肉末15克，洋葱末10克，高汤适量，食盐少许。

鲜汤番茄煮肝末

妈咪巧手做：

1. 将猪肝洗净后切碎；番茄用开水烫一下，剥去皮，切碎。
2. 将猪肝末、猪瘦肉末、洋葱末同时入锅，加入高汤搅拌均匀，以小火煮熟，再加入番茄末，调入食盐稍煮，使之有淡淡的咸味即可。需要注意的是，猪肝、瘦肉、洋葱下锅后切不要煸炒，要立即加入高汤煮，成品口味要清淡，略有一点儿咸味即可。

宝贝营养指南：

猪肝含铁非常丰富，有补肝、养血、明目的作用，对防治缺铁性贫血有帮助；番茄几乎含有所有的维生素，其中B族维生素、维生素C含量丰富，还富含番茄红素。两者组合，有利于补充小儿身体发育时对铁和各种维生素的需求。

食材

猪血50克，嫩菠菜末25克，大米适量，食盐、葱段、姜片各少许。

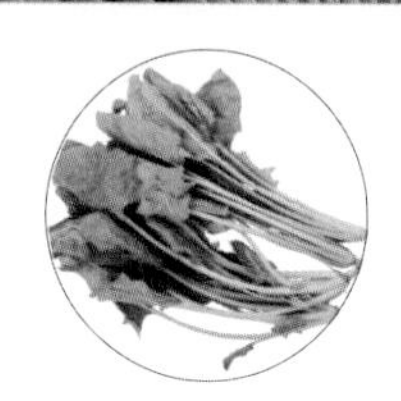

菠菜猪血粥

妈咪巧手做：

1. 锅中加适量清水，放入葱段、姜片、食盐烧开，放入猪血煮熟，然后把猪血捞出，切碾成细小的碎粒。
2. 大米淘洗干净，放入粥锅中加水煮成粥，下入猪血粒、菠菜末再煮10分钟，调入少许食盐即成。

宝贝营养指南：

一般纯母乳喂养的足月儿从母体中所获得的铁仅可满足出生后4个月发育的需要，如不及时从食物中补充，宝宝就可能会出现贫血。猪血含铁量较高，而且以血红素铁的形式存在，容易被人体吸收利用。处于生长发育阶段的小儿适当吃些动物血，对防治缺铁性贫血很有帮助。

食 材

细面条 50 克，豆皮 20 克，鹌鹑蛋 2 个，鲜鱼高汤 150 毫升，海带芽适量。

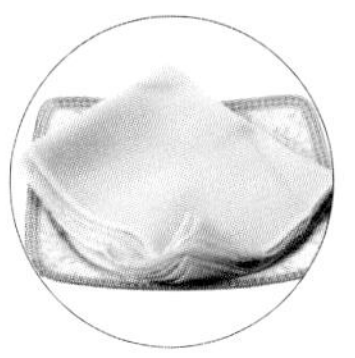

鱼汤三鲜煮面

妈咪巧手做：

1. 豆皮切成碎丁；细面条剪成小段；鹌鹑蛋煮熟，去壳切成粒。

2. 鲜鱼高汤入锅煮沸，下入细面条段煮至将熟时，再加入豆皮丁、海带芽、鹌鹑蛋粒一起煮至熟透即可。

宝贝营养指南：

海带芽不仅是“含碘冠军”，还是补铁、补钙的极佳食物，加上鹌鹑蛋、豆皮中也含有较多的铁，使此面可为宝宝提供全面的营养，尤其是丰富的铁、钙及蛋白质，可作为 11 个月以上婴儿的主食。根据宝宝的口味和实际情况，可调入少许食盐、鸡精。

食 材

净鱼肉 100 克，肉汤适量，儿童酱油、奶油各少许。

高汤奶油煮鱼末

妈咪巧手做：

1. 把鱼肉洗净，放入开水锅中煮熟，取出后仔细检查，再剔除一遍鱼刺，然后把鱼肉切成碎末。

2. 锅内加肉汤和少许酱油置于火上，加入鱼肉末，边煮边用小勺搅拌，煮至鱼肉成熟时再加入少许奶油，拌匀后即可起锅。

宝贝营养指南：

鱼肉含有优质蛋白质，尤其是对生长发育至关重要的钙、铁、磷、锌、碘等营养元素的含量十分丰富。常给宝宝适量吃些鱼肉非常重要，但要选择肉质细嫩、刺少易消化的鱼。

宝宝补锌营养餐

怎样给宝宝补锌

■锌缺乏的症状

锌是人体必需的微量元素，它与婴幼儿的生长发育有着密切的关系。婴儿缺锌，会出现食欲下降、消化功能异常、反复感染、生长迟缓、性发育落后、智力发育缓慢、动作及语言能力发育迟缓、智力低下等异常情况，还可造成免疫功能异常，抵抗力下降，皮肤、毛发粗糙干燥，指甲不光滑、有白点，创伤愈合慢。表现在宝宝身上最明显的就是发育迟缓，身高、体重、头围等发育指标明显落后于同龄的宝宝，没有食欲，不想吃东西，甚至出现厌食、偏食、口腔发炎、口腔溃疡等症状。

妈妈如果发现上述异常，应及时提供给医生作参考，让医生结合出生、喂养的情况和有无其他疾病及相关检查，作出科学的综合判断。因为这些症状有些并不是只有缺锌才会造成的，切不要马上片面地作出缺锌的判断，而随意大量补锌。

■哪些宝宝需要补锌

平时有挑食偏食习惯的婴幼儿要适量补锌。锌富含于牡蛎、瘦肉、动物内脏中，如果婴幼儿因为不良的饮食习惯而不吃或少吃这类食物，每日锌的摄入达不到标准，那么长此以往就会发生锌缺乏。

锌参与人体蛋白质、核酸等的合成，婴幼儿身体有感染时体内对锌的需要量增加，而胃肠道吸收锌的能力减弱。有些感染还会引起锌从粪便或尿液中丢失，因此，受感染的婴幼儿易缺锌。所以，感染中的婴幼儿要适量补充锌剂或添加富含锌的食物。

人体中多种微量元素都通过汗液排泄，锌便是其中之一。由于受遗传、生理或疾病的影响，有些婴幼儿存在多汗的现象，大量出汗会使锌丢

失过多，而缺锌又会降低机体的免疫力，使婴幼儿体质虚弱，加重多汗，从而形成了恶性循环。

总之，婴儿在饮食正常、没有疾病和易感因素的情况下一般不易发生缺锌，但是对于存在上述问题的宝宝应及时补充锌，以免影响生长发育。

■食物补锌须注意

父母在为婴儿食物补锌时，要注意以下几点：

因为夏季气温较高，宝宝食欲会差一点，进食量相对较少，从而摄入的锌也相对减少，加上由于天热出汗多而造成锌的流失，因此，夏季要多吃含锌丰富的食物。

韭菜、竹笋、燕麦等含粗纤维较多，而粗纤维会阻碍人体对锌的吸收。因此，补锌时要准备精细一些的食物。

在补锌的同时最好补充钙和铁，可促进人体对锌的吸收和利用，这主要是因为钙、铁、锌三者有协同的作用。所以，宝宝的饮食中要特别注意富含钙、铁、锌的食物的科学搭配和摄取。

婴儿过量摄入锌，反而可造成食欲减退，还会出现精神萎靡、上腹痛等症状，并会对肝脏、神经元、胶质细胞造成一定损害。

宝宝适宜的补锌食物

锌元素在海产品、动物内脏中含量最为丰富，一般动物性食物的含锌量比植物性食物高。

我们常吃的食物中含锌较多的有牡蛎、动物肝脏、动物血、瘦肉、蛋类、谷类、干果类等，但大多数的蔬菜、水果含锌量一般。适宜在婴儿辅食中添加的补锌食物主要有：芝麻、动物肝、红色肉类、鸡肉、蛋类、干果类（如核桃）、干贝、鲜贝肉、虾、鱼肉、口蘑、金针菇和全谷类食品（如糙米、小米、燕麦、黑米等）。

奶蛋香蕉糊

食材

香蕉半根，牛奶60毫升，玉米粉5克，熟鸡蛋黄1个。

妈咪巧手做：

1. 香蕉去皮后将果肉用勺子研磨成泥状；玉米粉加少许水调匀；熟鸡蛋黄压碎。
2. 将调好的玉米粉倒入小锅内煮开，加入牛奶，用小火煮至发黏。
3. 倒入香蕉泥拌匀，再边煮边加入鸡蛋黄末，拌匀后即可离火。

宝贝营养指南：

牛奶营养素全面，特别是含丰富的蛋白质、钙、锌、维生素D以及人体生长发育所需的全部氨基酸，消化率可达98%，非常有利于婴儿的健康。香蕉、玉米粉与牛奶同煮，可提高蛋白质的营养价值及人体对各种营养的吸收率。制作此奶糊简单又省时，婴儿7个月后可常食。制作时也可添加些苹果，以增加营养，搭配口味。

食材

鸡肝20克，去皮土豆50克，大米30克，食盐少许。

土豆鸡肝粥

妈咪巧手做：

1. 将鸡肝洗净，入锅加水煮熟（煮鸡肝的水留用），捞起后先切成薄片，再切碎。

2. 土豆放入沸水中煮至熟透，捞起压成蓉；大米淘洗干净。

3. 把煮鸡肝的水和大米同入锅，大火煮开，转小火煮粥1小时，先关火闷15分钟，再用小火煮成米糊状，加入土豆蓉、鸡肝末，调入食盐，搅拌均匀后再稍煮即成。

宝贝营养指南：

婴幼儿补锌尽量在吃饭时进行，多给孩子吃点肉类及粗粮类的食物，尤其是多吃各种肉类。妈妈们还要特别注意防止孩子补锌过度，否则容易引起孩子肠胃不适。

蛋黄牛奶粥

食材

大米50克，牛奶100毫升，熟鸡蛋黄1个，白砂糖少许。

妈咪巧手做：

1. 将大米淘洗干净，加入约150毫升水，置火上煮开，用小火煮至米烂粥黏。

2. 将熟鸡蛋黄用小勺背面研磨碎，和牛奶一起加入粥锅中，再稍煮片刻，加入白砂糖即可。

宝贝营养指南：

蛋黄比较容易消化，是婴儿较理想的补锌、补铁食物。刚开始每天喂1/4个煮熟的蛋黄，一般是将蛋黄压碎，混合在牛奶、米汤或粥中，然后逐渐增加到1/2个。宝宝7个月后，每天可喂1个蛋黄，也可做成蛋花汤或蒸蛋。

肉末鲜虾面

食材

龙须面1小把，猪里脊肉30克，鲜虾仁20克，青菜末25克，清高汤适量，葱花、酱油、食盐、植物油各少许。

妈咪巧手做：

1. 锅内加适量清水烧沸，下入龙须面，加少许食盐，待面煮熟后捞出过凉，将面条剪成短段并沥干水分。
2. 猪里脊肉和鲜虾仁处理干净，都切成末。
3. 炒锅下植物油烧热，放入葱花、猪里脊肉末翻炒片刻。加入酱油续炒入味后加入高汤，待肉末熟后加入碎虾仁、青菜末、面条段，煮沸后调入少许食盐，再稍煮即成。

宝贝营养指南：

日常吃的食物中含锌较多的有牡蛎、动物肝脏、动物血、瘦肉、虾仁、蛋、粗粮、核桃、花生等，一般蔬菜、水果、粮食也均含有锌，只要妈妈注意搭配、合理安排，宝宝缺锌的概率会大大降低。

燕麦松子香蕉米粥

食材

香蕉1根，大米30克，熟松子仁20克，燕麦30克，鲜牛奶、冰糖各适量。

妈咪巧手做：

1. 将香蕉去皮，切成小段；大米洗净，用清水浸泡2小时，放入粥锅加适量水煮沸，转小火煮成黏黏的稀粥。
2. 滗取稀粥面上的米汤入锅，下入燕麦煮3分钟。
3. 加入冰糖、鲜牛奶拌匀煮沸，再加入香蕉段、熟松子仁稍煮即可。

宝贝营养指南：

香蕉是最合营养标准又能让人心情愉快的水果，含丰富的维生素和矿物质，其富含的食物纤维还有润肠通便、润肺止咳、滋补健脑的作用；燕麦富含铁、锌、钙、维生素A和膳食纤维，补益功效极佳；松子中含铁、锌、钙也较多。三者搭配牛奶，营养全面，可为孩子的发育提供充足的养分。

核桃花生牛奶糊

食材

五香花生仁40克，核桃2个，鲜牛奶400毫升，白砂糖25克，葡萄干少许。

妈咪巧手做：

1. 将花生仁外层的红衣薄膜剥除；核桃去除外壳，取核桃肉待用。
2. 将花生仁、核桃肉、鲜牛奶一起放入果汁机搅打均匀。
3. 将核桃花生牛奶倒入锅中，用小火加热并持续搅拌均匀直至烧沸，加入白砂糖搅拌至溶解，撒入葡萄干即可。

宝贝营养指南：

这道辅食甜香可口，十分适合幼儿的口味。核桃含有丰富的全价蛋白质、B族维生素、维生素E、维生素K及钙、铁、锌、磷等多种矿物质，可补脑益智，促进生长。牛奶含有人体所需要的营养物质，其中的碳水化合物是乳糖，可促进钙、锌、镁、铁等矿物质的吸收，可促进人体肠道内乳酸菌的生长，保证肠道健康，对于幼儿智力和身体全面健康发育非常重要。

牛肉末滑蛋粥

食材

嫩牛肉20克，鸡蛋1个，稠大米粥适量，高汤、食盐各少许。

妈咪巧手做：

1. 将鸡蛋磕入碗中打散备用；嫩牛肉洗净沥干，剁成细末。

2. 将稠大米粥倒入粥锅，用小火煮开，放入嫩牛肉末、高汤，煮熟后淋入鸡蛋液，调入食盐再稍煮即可。

宝贝营养指南：

大米在谷类食物中含锌量算比较丰富的，而牛肉、鸡蛋也都是补锌的良好食物。此粥适宜11～12个月的宝宝食用，但宝宝吃牛肉不宜太多，一周1次即可。

在粥里加鸡蛋会让粥更浓稠，加些高汤可以适当调整浓度和口味，对均衡宝宝营养很有益。还可在粥中添加一些切细的蔬菜，如土豆、胡萝卜、大白菜、小白菜等，以丰富口味，增加营养。